U0156609

After Effects
影视合成与特效实例教程

主编
王　倩
王巧莲
李　强

副主编
李　宏
刘　薇

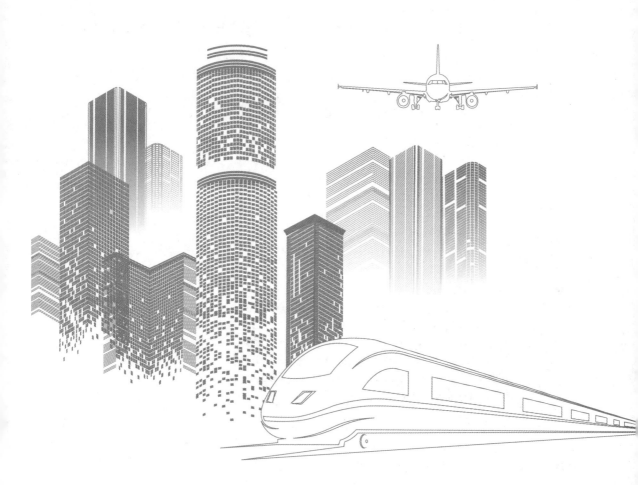

清华大学出版社
北　京

内 容 简 介

本书以影视特效制作的经典案例为主线，采用案例驱动和项目教学方式，通过大量案例介绍了影视特效的制作方法和 After Effects 的应用技术，使学生在案例的制作过程中，逐渐熟悉软件的功能和操作方法，掌握影视后期制作的相关知识和技巧，全面提高学生的实践能力和创新设计能力。全书分为 9 个单元，内容涵盖了 After Effects 入门基础知识、图层与蒙版的应用设置、文字动画的制作、内置和外置特效的应用、三维图层与表达式、跟踪与稳定技术、数字校色技术、抠像技术和综合实践。

本书适合作为各类职业院校数字媒体、平面设计、动漫游戏制作等专业的教材，也可以作为培训机构或者对影视特效感兴趣的人员的参考用书。

图书在版编目（CIP）数据

After Effects 影视合成与特效实例教程 / 王倩，王巧莲，李强主编 . —北京：清华大学出版社，2024.4
ISBN 978-7-302-65555-8

Ⅰ . ① A… Ⅱ . ①王… ②王… ③李… Ⅲ . ①图像处理软件 Ⅳ . ① TP391.413

中国国家版本馆 CIP 数据核字（2024）第 044838 号

责任编辑：郭丽娜
封面设计：曹　来
责任校对：李　梅
责任印制：沈　露

出版发行：清华大学出版社
　　网　　　址：https：//www.tup.com.cn，https：//www.wqxuetang.com
　　地　　　址：北京清华大学学研大厦 A 座　　　　邮　编：100084
　　社 总 机：010-83470000　　　　　　　　　　邮　购：010-62786544
　　投稿与读者服务：010-62776969，c-service@tup.tsinghua.edu.cn
　　质量反馈：010-62772015，zhiliang@tup.tsinghua.edu.cn
　　课件下载：https：//www.tup.com.cn，010-83470410
印 装 者：三河市龙大印装有限公司
经　　销：全国新华书店
开　　本：185mm×260mm　　　　印　张：14　　　　字　数：335 千字
版　　次：2024 年 4 月第 1 版　　　　　　　　　　印　次：2024 年 4 月第 1 次印刷
定　　价：58.00 元

产品编号：104778-01

前　言

　　目前，我国许多高职院校的虚拟现实、数字媒体、艺术设计类专业，都将影视后期制作这门课程设置为重要的专业课程。After Effects 是由 Adobe 公司开发的一款影视后期制作软件，其功能强大，使用广泛，备受行业推崇。为了帮助高职院校相关专业的学生深入掌握影视特效制作的知识，熟练使用 After Effects 进行影视后期项目的制作，编者作为高校从事影视后期制作课程教学的教师，联合经验丰富的影视公司设计师，精心编写了本书，并配备了课件、微课、教学视频等教学资源方便教师、学生使用。

　　本书以工作任务为单位组织学习内容，通过不同的学习任务，加强学生理论与实践结合的能力，提高学生对影视特效知识技能的综合应用能力。编者团队与合作企业进行了大量的研讨，选取具有代表性的岗位工作任务作为本书的教学案例，以工作过程为导向，将职业核心能力融入教材内容中，让学生了解真实的工作项目制作流程，有利于学生职业能力和职业素质的培养。

　　本书主要特色和创新点介绍如下。

1. 以职业能力培养为重点

　　本书以培养影视动画职业能力为重点，以满足影视特效制作等岗位实际需求为依据，根据学生的认知能力，科学地设置项目任务和知识模块，使教学内容与职业岗位和工作任务要求相一致。

2. 动静结合，编读互动

　　本书提供了在线课程方便学生自主学习，并且还提供了所有项目任务的实操演示视频，以及可供学生任意下载的本书配套资源，学生通过在线课程可以完成编读互动。

3. 项目驱动，资源丰富

　　针对职业院校学生的特点，本书选取了大量生动的项目案例，并配备丰富的学习资源，让学生在项目实操过程中掌握繁杂的知识点，灵活地选择学习的方式、地点和时间，激发学生的学习兴趣和主动性。

4. 注重课政融合

　　本书注重思想政治教育，在每一个教学模块中都融合了课程思政要点，书中项目选取"乡村扶贫""中国风水墨动画"等主题，既突出了课程知识能力的培养目标，又注重学生工匠精神的塑造，实现了知识传授和价值引领的有机统一。

　　全书分为9个单元，共30多个任务，每个单元包括单元引言、学习目标、能力目标、素养目标、项目重难点，以及能力自测。每个任务包含任务描述、知识准备、任务实施等环节，充分体现了"任务驱动"和"做中学，做中教"的教学理念。具体内容包括单元1"After Effects快速入门"，介绍After Effects软件的工作界面、基本操作以及进行合成的流程；单元2"图层与蒙版"，讲述图层类型、操作方法和技巧、时间轴与关键帧的应用方法，蒙版、轨道遮罩的设置方法；单元3"文字动画"，介绍文本动画的制作方法和技巧；单元4"特效应用"，讲述常用的内置特效和外置插件的应用方法；单元5"三维图层与表达式"，介绍三维图层的相关知识以及几种常用表达式的应用方法；单元6"跟踪与稳定技术"，介绍跟踪与稳定技术在视频处理中的应用方法和技巧；单元7"数字校色技术"，介绍应用调色插件进行影视项目数字校色的方法；单元8"抠像技术"，介绍使用键控技术进行抠像及细节处理的方法；单元9"综合应用"，通过几个案例练习多种技术的综合应用。

　　本书由长期从事职业教育影视特效制作的双师型教师和影视制作公司的专业设计师共同编写。内容丰富、覆盖面广，文字叙述简洁精炼，项目选取行业经典案例，具有很强的代表性和实用性。

　　本书由王倩、王巧莲、李强担任主编，李宏、刘薇担任副主编，参加编写的还有刘瑰洁、陈超、江跃龙、梁广、练伟豪。尽管在撰写本书时编者们已力求做到最好，但由于编者水平有限，书中仍存在疏漏和不足之处，欢迎各位专家、老师和读者提出宝贵意见。

编　者
2024 年 1 月

本书配套资源 . rar

目　录

单元1

After Effects 快速入门

单元引言

本单元详细介绍了影视特效的历史起源、发展趋势，以及相关专业术语和概念。除此之外，本单元还介绍了 After Effects（简称 AE）软件的特点、优势及其目前常见的应用领域，并熟悉 AE 软件的工作界面、基本操作，以及常用工具的使用等。通过本单元内容的学习，可以掌握 AE 工程文件的创建和保存方法，为后续单元的学习打下重要基础。

学习目标

知识目标

- 了解影视特效的历史起源、发展趋势及相关基础知识。
- 详细了解 AE 软件的特点、优势及其应用领域。
- 熟悉 AE 软件的工作界面布局、常用窗口与面板的功能及使用方法。
- 掌握 AE 工程文件的创建和保存方法。

能力目标

- 具备制作 AE 工程项目的能力。
- 具备视频画面的设计、布局能力。

素养目标

- 塑造学生的敬业精神，帮助学生树立客观、严谨的工作作风，适应生产、建设、服务一线的需求。
- 通过优秀国产影片赏析，培养学生的爱国情怀，激发学生的责任心和使命感，树立远大理想。

📝 项目重难点

项目内容	工作任务	建议学时	重点与难点	重要程度
使用 AE 软件进行影视项目的建立和输出	任务 1.1 影视特效入门	2	了解影视特效相关的基础知识	★★★☆☆
	任务 1.2 进入 After Effects 的世界	1	了解 AE 软件的界面布局	★★★★☆
	任务 1.3 项目创建及管理	2	创建 AE 工程项目,创建合成并进行设置	★★★★★
	任务 1.4 影片输出	1	熟悉合成的输出设置	★★★★★

任务 1.1　影视特效入门

🖥 任务描述

　　李明在大三寒假期间进入某家影视广告公司实习,负责影视作品的后期制作。他需要尽快提高影视审美能力,了解目前影视作品的制作流程,以及影视后期制作的常见技巧。

📒 知识准备

　　1. 影视特效发展史

　　影视特效也被称为特技效果,是指在影视作品中,通过人工制造出来的视觉假象和幻觉,如逼真的怪物、奇妙的世外仙境、滔天的洪水等。电影摄制者通常利用影视特效来避免让演员处于危险的境地,或让电影更加扣人心弦。

　　影视特效的发展历程可划分为初步探索、持续发展和兴盛繁荣三个阶段。影视特效的初步阶段最早可追溯至 1902 年,在时年拍摄的电影《月球历险记》中,电影艺术家们运用了蒙太奇、特殊化妆和定格动画的特效手段,制作出了电影史上最早的特效短片。从 20 世纪初到 60 年代,是影视特效发展的初步阶段。1949 年,美国麻省理工学院的"旋风"小组开展了利用显示器显示图形的研究,这一研究为后来在电视节目中使用计算机奠定了基础。

　　20 世纪 70 年代至 80 年代,随着信息技术的发展,部分图形设计软件随之诞生,影视特效技术也有了质的飞跃,影视特效进入持续发展阶段。在这一阶段中,出现了不少令人记忆深刻的电影作品。1977 年,乔治·卢卡斯写出了科幻电影《星球大战》的剧本,剧本中描述的许多情节和场景都需要依靠特效技术来实现,如微缩模型拍摄、幕布技巧、特效化妆等。《星球大战》影片上映后,轰动了整个美国。这部当时耗资近千万美元的影片,仅仅上映五个多月,就获得了近两亿美元的票房收入,成为美国电影有史以来卖座率最高的一部影片，并掀起了一股拍摄科幻电影的热潮。这部电影的成功，也促进了影视特效技术的进一步发展。

20 世纪 80 年代以来，影视特效技术迎来了兴盛繁荣阶段，这一阶段也是计算机图形设计逐渐普及的阶段。众多二维、三维软件被广泛应用，宏大的虚拟场景与惟妙惟肖的三维特效开始频频出现在荧屏上，影视特效技术日趋成熟，成为影视制作中至关重要的一种技术手段。毫不夸张地说，影视特效直接改变了电影工业的发展格局，甚至直接改变了影视艺术的表现形式。1997 年，在那部令人震撼的影片《泰坦尼克号》中，近一半的画面内容靠后期处理而成。3D 科幻电影《阿凡达》以动作捕捉技术结合电脑动画的方式制作出的角色栩栩如生，为观众呈现了史诗级 3D 特效。

与此同时，我国的影视特效技术也有了长足的发展。2002 年，国产电影《极地营救》大规模地使用了数字特效技术，其中有 60% 的电影特效和合成镜头，开启了国产电影运用特效的先河。在此之后，国产电影特效技术得到了迅猛发展，不少优秀的国产电影也开始使用特效技术，为人们带来更加精彩的视觉效果，例如三维动画电影《西游记之大圣归来》《捉妖记》，还有科幻影片《流浪地球》等优秀作品。此外，国产电影《战狼》，通过极具视觉冲击力的电影特效和丰富情感张力的人物特写，展现了爱国主义情怀和国际人道主义精神。

总体而言，影视特效凭借数字与信息技术处理方法，强化了影视作品的艺术效果，促进了影视行业的产业升级。伴随着消费群体的影视偏好的改变以及信息技术的不断创新，影视特效行业也即将迎来新的爆发增长期。

2. 影视特效的应用领域

在影视发展的过程中，影视特效技术并不仅仅局限于电影领域，也广泛应用于电视节目、动漫、游戏和广告作品中。这些作品不仅需要在情节上引人入胜，还需要具有良好的艺术效果与强烈的视觉冲击力。因此，基于信息技术的特效设计可以大幅度提升影视作品的吸引力。

1）电影后期制作

随着数字技术全面进入影视制作过程，计算机逐步取代了许多原有的影视设备，并在影视制作的各个环节发挥了重要作用，这些特效技术让影视后期在整个影片制作中占据了非常重要的地位。2012 年，当金融危机席卷全球时，电影产业却迎来蓬勃发展，这与影视特效技术在电影、电视作品中的应用是密不可分的。从好莱坞的经典大片，到国内的流行影视剧，以及网络平台上的爆款短视频，都可以见到影视特效技术的身影。随着计算机性能的显著提高，价格的不断降低，影视制作的软硬件门槛也在不断降低，以前必须使用专业的硬件设备，如今普通计算机即可满足需求；原先让人望而生畏的专业软件也被逐步移植到网络平台上，价格也日益走低。同时，愈加庞大的市场需求，越来越高的技术和艺术的要求，使得行业及市场对于影视后期高端人才的需求量越来越大，当下诸多传统电视台、影视公司都纷纷在向数字影视产业靠拢，影视特效行业从业人员的队伍越来越壮大。

2）电视栏目包装

电视节目目前已经成为广大人民群众不可或缺的娱乐方式之一，市场对电视节目的要求也在朝着精细化、个性化的方向不断提升。电视节目想要获得更好的观看效果，数字化特效是不可或缺的。在传统的拍摄与剪辑技术中，运用计算机特效进行节目后期制作，能获得更加精彩的视觉画面，而且这些令人眼前一亮的效果能够吸引观众的兴趣。有创意、设计巧妙的特效能够让电视节目质量更上一层，例如，主旋律综艺节目《信中国》应用潘多拉魔盒立体投影技术，受到了观众的热议；推理真人秀节目《明星大侦探》则将科技特效融入节目；户外竞技类节目《全员加速中》制作组推出"开普勒星球"主题，运用计算机特效打造充满未来感的"莲花台"和"星球大战"场景，使综艺节目呈现科幻大片的质感。

3）动漫与游戏制作

动漫与游戏不仅备受青少年欢迎，也成为许多成年人减压与娱乐的方式之一。它的蓬勃发展与影视特效技术密不可分。传统的动漫通常局限于二维逐帧动画，而影视特效技术则赋予动漫更多栩栩如生的三维场景、天马行空的画面特效，大大推动了整个动漫行业的发展。游戏行业与动漫行业其实有着高度的重合，当前大部分游戏中的场景、动画和各种光效、技能特效同样需要应用影视特效技术来制作。

另外，游戏影视化也成为一种潮流，国产电视剧《仙剑奇侠传》等由游戏改编而来，并获得了高收视率。在电影方面，把热门游戏改编成电影，也是好莱坞电影掌握票房的一大制胜法宝。近年来出现的《超级马里奥兄弟》等由游戏改编的电影都获得了成功。近年来国内影视行业也逐渐涉足这一领域，例如由网易公司研发的 3D 手游《阴阳师》，以及角色扮演类网游《征途》纷纷被搬上大银幕。然而，要制作出一部既继承游戏精髓，又保证电影品质的作品，数字特效技术的应用是必不可少的，也是创作团队需要重点考虑的一个环节。

4）广告制作

同电影、电视节目一样，优秀的广告片也需要在较短的时间内吸引观众，从而给观众留下强烈深刻的印象，实现广告信息的传递。广告片不但要有新颖独特的创意，还要有吸引眼球的视觉画面，影视特效技术的应用显然能让广告片的视觉呈现更加精彩。广告创意中有时需要制作一些特殊的场景，或现实世界中有制作难度的画面，如爆炸、狂风、闪电等，还有一些很难拍摄到或不存在的事物或场景，如太空、外星人、动漫人物等，此时运用影视特效技术，往往可以更好地实现广告设计者们天马行空般的创意，因此一些广告创意成型后，后期制作人员会根据主题，运用特效技术去凸显广告创意。在影视特效技术的支撑下，广告创意会体现得更全面，也能实现更多优秀的广告创意，为观众提供更优质的广告作品，保持行业的创新性和积极发展态势。

任务实施

步骤 1 了解影视后期的制作流程

总的来说，影视作品的后期制作流程一般包括以下几个步骤。

1）整理素材

在制作影片时，需要将拍摄完的胶片中所包含的声音和图像文件输入计算机，待转换成数字化文件后再进行加工处理。这里的素材往往包括：①从摄像机、录像机或其他可捕获数字视频的设备上捕获到的视频文件；②通过 Adobe Premiere 和其他软件创建的影视文件；③各种数字音频、声音、电子合成音乐，以及其他类型的音乐；④通过图像处理软件和动画编辑软件制作的各类动画和图像文件。

2）设置编辑点

原始的视频和音频素材往往需要再次进行剪辑和处理。在剪辑素材时，需要设置切入点和切出点，也就是编辑点。对要编辑的视频和音频文件设置合适的编辑点，可以改变素材的时间长度，删除不必要的素材。另外，也需要根据视频中镜头的切换，设置镜头之间的衔接点，也就是前一个镜头的结束点和下一个镜头的开始点，方便后续进行镜头切换效果的制作。在影视制作上，这既指胶片的实际物理接合（接片），又指人为创作的银幕效果。

3）素材的组接

目前，影视后期制作普遍使用非线性编辑的方式，这种方式能够比较灵活地调整各段素材位置。有时，重组视频的顺序，往往可以达到更富有创意的效果。

在后期制作的时候，还可以根据需求，删除任意时间点的一个或多个镜头，也可以在视频的任一位置处插入或者叠加其他素材，如图片、三维模型或者视频等，从而创作出更加丰富多彩的视频效果。

4）特效的制作

特效的制作是影视后期最重要的一个环节。通过 AE、Premiere、Nuke 等特效制作软件，能够快速制作出逼真的粒子效果，像烟火、云雾、水波等。这类软件一般采用多轨道编辑，可同时展示多种特效，还可以轻松进行视频分割、裁剪、变速等，从而满足各类视频剪辑需求。

5）字幕与视频画面的合成

字幕与视频画面的合成方式有软件和硬件两种。软件字幕实际上使用了特技抠像的方法进行处理，生成的时间较长，一般不适合制作字幕较多的节目，但它与视频编辑环境的集成性好，便于升级和扩充字库。硬件字幕实现的速度快，能够实时查看字幕与画面的叠加效果，但一般需要支持双通道的视频硬件来实现。

6）编辑音效

大部分非线性编辑系统能直接从 CD 唱片、MIDI 文件中提取波形声音文件，波形声音文件可以非常直接地在屏幕上显示声音的变化，使用编辑软件进行多轨声音的合成时，一般也不受总音轨数量的限制。

7）影片调色

在对影视作品精剪完成后，通常还需要再对颜色统一进行校正，并根据影片主题和风格进行调色。对于大制作视频来说，视频剪辑师会输出一条时间轴，再由专业调色师进行调色。

8）渲染输出

影视后期制作的最后一步就是将剪辑好的影片渲染输出，也就是导出视频成片。在这一步中，视频制作人员需要将影片用到的包装、调色等所有部分合成在一起，再选择输出的格式和相关参数，如影片的格式编码、像素分辨率等。最后再将工程文件渲染输出成为视频文件。

步骤 2　了解影视后期制作常见技巧

1）剪辑

影视后期制作中，经常需要应用各种剪辑技巧。例如，影视后期中比较常见的电影蒙太奇剪辑技巧，按剧本或影视片所要表达的主题思想，分别拍成许多镜头，把这些不同镜头有机且具有艺术性地组接在一起，使之产生连续、对比、联想、衬托、悬念等节奏效果，作用类似于文学作品中的修辞，是一种增强影视艺术效果的手段。

2）闪白

在视频制作剪辑合成时，在原素材上调高 gamma 值[①] 和亮度，然后叠化，这样画面的亮部会先泛出白色，再逐渐延伸到整个画面，这一技巧在视频的转场时应用比较广泛。在影视后期制作软件中，可以通过各种滤镜来实现这种效果。制作闪白效果时，最好是模拟光学变化，也就是让画面在最白的时候也隐约可见，而不是采用纯白蒙版的方式。

3）画面色彩

在进行影视作品的画面色彩处理时，应该尽量避免纯黑、纯白等颜色。如果一定要使用黑色，可以采用很暗的红色或蓝色等来代替，这样会使影片画面整体的色彩更协调。

如果影视作品的画面不够亮或不够暗，应尽量避免采用整体调整亮度的方法，而应以调整亮部面积或比例之类的方法来解决。在 AE 等软件中，提供了曲线、色阶等工具，可以更方便地调整画面局部的亮度。

另外，对于某些特殊材质的光泽，如金属光泽、镜面反光等，可以使用移动的灯光营造流动的高光效果来代替反射贴图，使用负值的灯光来制造暗部，往往会取得更好的效果。

4）构图

在影视作品的构图中，除了一些比较庄重严肃或需要表现力量感的场景外，一般应尽量采用不对称构图，这会更具美感。考虑影视作品的动态特性，构图时通常不仅仅要考虑当前展现出来的那一个画面，而更应全面考虑动态的、时间与空间都有变化的立体构图，尽量从视频制作的剪辑效果、与前面画面的衔接等角度来考虑构图，而不要仅局限于单幅画面的构图。

5）光效

巧妙的光效设计对影视作品的加成是非常巨大的，因此在 AE 软件的众多插件中，有许多都是用来设置光效的。通常而言，光效应与影视作品的主题和场景相符合，避免过于模糊或者僵硬，应具有一定变化和动感，不要滥用并尽量避免长时间使用，同时要控制光效的层次和强度。例如，AE 软件中最常用的内置"发光"特效，通常都会建立几个光效层进行叠加，这几个层的亮度和颜色都会有细微差别，这样制作出来的光效会更有层次和美感。

步骤 3　熟悉影视特效相关概念

1）帧与帧速

人眼所看到的影视动画，其实是由一幅幅静止的画面快速播放而造成的错觉，人眼存在视觉暂留效应，眼前的画面消失后，人眼中的画面不会马上消失，而是会在眼睛中暂时保留一段时间，所以当每秒播放的画面达到一定数量时，在人眼中就会形成动画效果。帧是影视动画中的最小单位，是单幅影像画面，相当于电影胶片上的每一格镜头。

帧速率也称为 f/s，即"帧/秒"。对影片内容而言，帧速率指的是每秒所显示的静止帧的数量。要想生成平滑连贯的动画效果，帧速率一般不小于 12 f/s。电影的帧速率为 24 f/s。捕捉动态视频内容时，这个数值越高则效果越好。

---

① gamma 值（伽马值）指用于描述图像或视频中像素亮度值与实际亮度值之间关系的一种数值，数值范围为 0～1。

2）电视制式

电视制式包括：用来传输电视图像信号和伴音信号或其他信号的方法、电视图像的显示格式，以及这种方法和电视图像显示格式所采用的技术标准。

电视制式一般有三种，即 NTSC、PAL、SECAM 三种彩色电视机的制式。各种制式的差异主要在于帧频（场频）、分解率、信号带宽与载频、色彩空间的转换关系等。这三种制式不能兼容，例如在 PAL 制式的电视上播放 NTSC 的视频，则影像画面将不能正常显示。

其中，NTSC 制式（简称 N 制）的色度信号调制包括了平衡调制和正交调制两种，解决了彩色与黑白电视广播兼容性问题，但存在相位容易失真、色彩不太稳定的问题，需要色彩控制（tint control）来手动调节颜色。美国、加拿大、墨西哥等大部分美洲国家，以及日本、韩国、菲律宾、中国台湾等亚洲国家和地区均采用这种制式，中国香港部分电视公司也采用 NTSC 制式广播。

SECAM 制式又称塞康制，意为"按顺序传送彩色与存储"。SECAM 制式的特点是不怕干扰，彩色效果好，但兼容性差。采用 SECAM 制式的国家主要为俄罗斯、法国、埃及和非洲的一些法语系国家等。

PAL 制式又称帕尔制，意为"逐行倒相"。为了在兼容原有黑白电视广播格式的情况下加入彩色信号，同时需要克服 NTSC 制引起相位敏感造成色彩失真的缺点，于是在综合 NTSC 制技术成就的基础上，研制出了 PAL 制。PAL 制对相位失真不敏感，图像彩色误差较小，与黑白电视的兼容性也较好。英国、中国香港、中国澳门使用的是 PAL-I，中国内地使用的是 PAL-D，新加坡使用的是 PAL B/G 或 D/K。

3）场

场的概念源于电视。由于电视要克服信号频率带宽的限制，无法在制式规定的刷新时间内（如 PAL 制式是 25 f/s）将一帧图像同时显现在屏幕上，只能将一幅完整的图像分成两个半幅，先后显现。由于刷新速度非常快，肉眼通常是看不清的，所以从视觉上会认为是一幅完整的图像。

视频可以采用隔行扫描和逐行扫描两种方式。隔行扫描方式是将一帧电视画面分成奇数场和偶数场进行两次扫描。在采用隔行扫描方式进行播放的设备中，每一帧画面都会被拆分开进行显示，而拆分后得到的残缺画面就称为"场"。也就是说，在采用 NTSC 制式的电视中，由于帧速率为 30 f/s，即每秒会有 30 帧画面，每帧被隔行扫描分割为两场，因此每秒要播放 60 场画面；对 PAL 制式电视来说，则需要每秒播放 50 场画面。

4）画面宽高比

画面宽高比是指视频图像纵向与横向的比例。画面宽高比可以用两个整数的比来表示，也可以用一个小数来表示，如计算机和普通电视的宽高比是 4∶3 或 1.33，电影、DVD 和高清晰度电视的宽高比是 16∶9 或 1.78，这种画面比例更加接近于人眼的视野，也更符合观众的口味。因此，大多数社交媒体和流媒体平台都在使用 16∶9 的比例。这两种比例的画面效果对比如图 1-1 所示。

5）像素宽高比

通常而言，图像是由许多个像素组成的，所以在将图片放大至数千倍时，可以看到图像其实由一个个小方块构成，这个小方块就是像素。

像素宽高比是指图像中一个像素的宽度与高度之比。计算机产生的图像的像素比永远是 1∶1，而电视设备所产生的视频图像像素比就不一定是 1∶1，如我国 PAL 制式电视的像素比就是 16∶15=1.067。

图 1-1　4∶3（左）和 16∶9（右）宽高比画面对比

6）视频编码

视频编码又称为视频压缩，就是指通过压缩技术，将原始视频格式的文件转换成另一种视频格式文件的方式。例如使用 AE 软件渲染输出的无损 AVI 视频文件，几秒的视频就可以达到上百兆字节的数据量，而其中是有很多冗余信息的，如果直接对如此大的数据量进行存储或传输，将会遇到很大困难，因此必须采用压缩技术。

目前已有的视频压缩标准有很多种，比较重要的有国际电信联盟（International Telecommunication Union，ITU）制定的 H.26x 系列标准，以及国际标准化组织（International Organization for Standardization，ISO）制定的 MPEG 系列标准。

7）视频格式

不同于视频编码，视频格式并非视频之间的本质区别，往往只代表着不同的容器。两者之间的关系可以概括为：视频格式是容器，视频编码是容器里的内容。常见的视频格式如表 1-1 所示。

表 1-1　常见视频格式

格式	说　　明
MPEG	全称是 Moving Picture Experts Group，国际标准化组织认可的媒体封装形式，大部分机器都可支持，DVD、VCD 一般采用这种格式
MOV	MOV 是电影制作行业的通用格式，容量小、质量高，是苹果公司开发的一种标准视频格式，默认的播放器为 QuickTime Player
WMV	微软公司开发的一组数字视频编解码格式的通称，ASF（Advanced Systems Format）是其封装格式
AVI	全称是 Audio Video Interleaved，是微软公司开发的一种把视频和音频编码混合在一起储存的格式
RMVB	由 Real Networks 公司开发的一种视频格式。它通常只能容纳 Real Video 和 Real Audio 编码的媒体，能够提供高压缩比，体积很小，非常受网络用户的欢迎
FLV	一款由 Adobe 公司开发的网络流媒体视频格式。高压缩比，支持流媒体播放，一般需要转码才能用于视频编辑软件

8）音频格式

常用的音频格式有 MP3、WAV、WMA、MOV 等。对影视作品而言，高码流、高音质的音频非常重要。对于不同的影视作品，应视情况选择不同的音频压缩（编码）标准，给观众提供更加优秀的音频效果，为影视作品更添一份精彩。常见的音频格式如表 1-2 所示。

表 1-2　常见音频格式

格式	说　　明
MP3	全称是动态影像专家压缩标准音频层面 3（Moving Picture Experts Group Audio Layer Ⅲ）。使用此格式存储的音频文件可以大幅度地降低音频数据量，并提供了较好的音质效果
WAV	微软公司专门为 Windows 系统开发的一种标准数字音频格式，能记录各种单声道或立体声的声音信息，并能保证声音不失真，音质也非常好，但是文件占用的磁盘空间非常大
WMA	微软公司推出的一种音频文件格式，全称为 Windows Media Audio，在压缩比和音质方面都有着出色表现，属于有损音频压缩文件格式，较为方便传播，深受用户喜爱
FLAC	属于无损音频压缩文件格式，全称为 Free Lossless Audio Codec，中文名为无损音频压缩编码。文件占用空间较大，适合存储在计算机或者大容量手机中，可以提供非常逼真、生动的音乐
MIDI	一种编曲类的音频格式，全称为乐器数字接口，是编曲界最广泛的音乐标准格式。它用音符的数字控制信号来记录音乐，一般只有音乐（乐谱）的声音，而没有人声。主要的作用是辅助音乐创作、乐曲演奏等
MOV	Mac OS 与 iOS 系统中常用的音频、视频封装格式，是 QuickTime 封装格式。目前，此格式文件也在 Windows 系统中较为常用，多数手机和系统可以直接播放该格式文件

步骤 4　经典作品赏析

请观赏动画影片《功夫熊猫》，并从影视作品设计和特效制作的角度，思考以下问题。

（1）作为一部功夫题材的动画电影，请举例说明，创作者在电影的创作中使用了哪些中国经典文化元素，借鉴了中国功夫片的哪些创作素材。

（2）这部电影采用了戏剧性的表现手法来处理色彩与照明，以营造独特的电影气氛。例如，大龙与师父的战斗场景是可怕的场景之一，内外部运用了不同的色彩以进行气氛的转换。内部，充满了荣誉和智慧的屋内有着蓝绿色的外表，不只是从内部的水池散发出来，水池放射出的光也具有同样的蓝绿色，外部也有着一种强烈的饱和的蓝绿色。请结合电影情节，举出影片中其他场景的色彩和色调的应用。

（3）这部电影运用了很多镜头技巧表达不同的意义。例如，仰拍师父站在极宫门前，是为了凸显师父的勇敢、正义及责任感。请列举其他不同的镜头应用及其对应的意义，如摇镜头、推镜头、远景及剪影等镜头技巧的应用体现在哪些情节中，以及它们有何作用。

（4）这部电影运用了很多剪辑技巧，如在开场的梦境中，使用飘扬的旗帜进行自然划变式转场，利用消失点创造画面张力。请在该影片中找出三处让你印象深刻的转场。

任务 1.2　进入 After Effects 的世界

任务描述

李明在大三寒假期间进入某家影视广告公司实习，负责影视作品的后期制作。他需要尽快熟悉影视后期制作要用到的软件 After Effects，下面就来一起帮他尽快了解这个软件，并熟悉软件工作界面和基本操作吧。

知识准备

在众多用于进行影视特效设计的软件之中，After Effects 软件是最流行、最受好评的软件，它是一款功能强大的图像视频处理软件，主要用于影视作品的后期制作。本单元将重点介绍 After Effects 软件的特性、工作界面的构成模块以及 After Effects 软件的基本操作。

After Effects 属于非线性编辑软件，支持 2D 和 3D 文件的合成，它的功能非常强大，界面简洁，操作方便快捷，可以创建丰富多彩的动态图形和精彩绝伦的视觉效果。本书使用的软件版本为 After Effects 2021，其主要特点如下。

1. 高质量的视频处理功能

After Effects 支持从 4×4 到 30000×30000 的像素分辨率，基本涵盖了大部分视频和动画的像素需求。它可以用于创建多种主流格式的视频文件，包括各种数字电视、高清晰度视频（HDTV）、Cineon（10 位通道数字格式）等。

2. 丰富的图层编辑功能

在 After Effects 中，可以创建多种类型的图层，如纯色图层、文本图层、调整图层、形状图层等，多个图层之间也可以通过不同的叠加模式来制作丰富的合成效果。After Effects 可以与其他 Adobe 软件和三维软件紧密结合，它支持 OBJ 格式的三维图像导入和编辑，并可以据此进行丰富灵活的 2D 和 3D 合成。

3. 多种内置预设效果和外置插件

After Effects 中包含了数百种预设效果和动画，包括一些风格化、模糊、抠像和颜色校正的特效，可以在各类电影、视频、动画作品中增添令人眼前一亮的视觉效果。

4. 高效的关键帧编辑

After Effects 中，把包含关键信息的帧称为关键帧，位置、旋转、透明度以及效果参数等可以用数值表示的信息都包含在关键帧中，还可以通过脚本、表达式和插件进行关键帧的设置，达到快捷直观地制作动画效果。

5. 强大的路径功能

在 After Effects 中，不管是简单的直线运动，还是一些复杂的曲线运动，都可以通过绘画工具进行绘制，再将路径复制到运动图层的位置属性上，这样运动图层上的物体便会沿着设定好的路径进行运动。

任务实施

步骤 1　熟悉工作界面

要学习 After Effects，首先需要了解它的工作界面及其各个组成部分。以 After Effects 2021 为例，当启动软件后，就会进入它的标准工作界面，其组成大致可以分为六个部分：标题栏与菜单栏、项目窗口、预览 / 合成窗口、工具栏、常用面板和时间轴窗口，如图 1-2 所示。

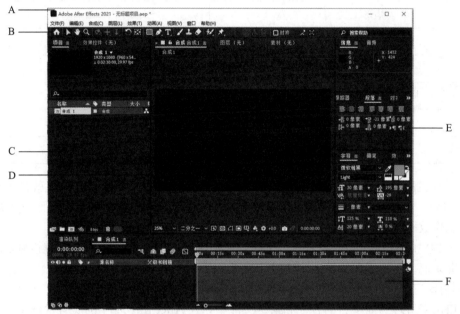

A—标题栏和菜单栏；B—工具栏；C—项目窗口；D—预览/合成窗口；E—常用面板；F—时间轴窗口

图 1-2　After Effects 2021 工作界面

当然，这个工作界面的布局是可以根据使用的需求而改变的。单击菜单"窗口"→"工作区"，可以看到除标准工作界面之外，还有其他的界面布局，如小屏幕、所有面板、效果、动画等。使用不同的布局模式，各个窗口的大小和默认打开的面板有所不同，从而让工作界面更加符合个人的操作习惯和使用要求。

在标准工作区的模式下，这些默认启动的窗口是视频制作时最常用的，下面介绍各个窗口的主要功能。

1）标题栏和菜单栏

与大部分的 Adobe 软件一样，标题栏主要用来显示 After Effects 的软件名称、软件版本和当前工程项目的名称；而菜单栏则包含了 After Effects 软件的所有功能命令。在 After Effects 2021 中，一共提供了九项菜单：文件、编辑、合成、图层、效果、动画、视图、窗口、帮助。

2）工具栏

工具栏可以帮助用户快速找到常用的工具选项。该窗口总共分为三个部分。

（1）最左边的是 After Effects 中的常用工具，可用于常规操作、三维应用和动画制作，如选取、手形、移动、钢笔、文本等工具。只需将光标在工具按钮上悬停几秒，就会显示该工具的名称及其对应的快捷键，如选取工具的快捷键为字母 V。记住一些常用工具的快捷键，操作 After Effects 时更加方便快捷。AE 软件常用快捷键如表 1-3 所示。

表 1-3　After Effects 常用快捷键

工具名称	快捷键
选取工具	V
旋转工具	W
矩形工具	C
椭圆工具	Q
钢笔工具	G
向后平移（锚点）工具	Y
手形工具	H
缩放工具	使用 Alt 缩小，使用 Z 放大

（2）工具栏的中间是工作区（Workspace），用来定义需要的工作模式，也就是工作界面的窗口布局，前文介绍过，工作模式的不同，保留的窗口也有所不同，从而提高 After Effects 的工作效率。

（3）工具栏的最右边是搜索工具，在搜索栏中输入关键字后，可以直接链接到 Adobe 官网的帮助系统，对所需要解答的问题进行检索。

3）项目窗口

此窗口用来管理当前项目的合成和素材文件。导入 After Effects 中的所有素材文件、工程项目中创建的所有合成文件以及文件夹等都可以在项目窗口中找到。单击某个素材，可以在项目窗口上方浏览该素材对象的类型、尺寸、时间长短等信息。在项目窗口最下面一栏中，有新建文件夹、新建合成、删除所选项目项等按钮，可以进行合成文件和文件夹的快捷操作。

4）合成窗口

合成窗口是 After Effects 中最重要的工作窗口。在默认状态下，这个窗口会显示当前合成的编辑状态，也就是合成中所有图层组合后的画面。当然，如果单击图层前的隐藏或独显选项，可以隐藏或者单独显示某个图层，这时某些图层就不会在合成窗口中显示出来。合成窗口主要有两个功能：一个是对合成画面进行预览，另一个则是直接在此窗口内进行图层画面的编辑，编辑的效果是实时显示的。

此外，合成窗口下方有一排功能菜单和按钮，具有操控图层、管理素材、缩放显示比例、调整分辨率、切换三维视图模式和标尺等功能，这些菜单和按钮的作用如下。

（1）放大率弹出式菜单。此菜单位于合成窗口的左下角，可以用于设置合成窗口中图像的显示比例。默认情况下，放大率设置为"适合"，意思是适应当前面板大小。如果需要更改，可以直接在放大率弹出式菜单中选择具体的显示比例。值得注意的是，当调整放大率时，可以改变合成窗口中预览的外观，而不是合成的实际分辨率。

通过鼠标滚轮可以更快捷地改变放大率。将鼠标光标定位至合成窗口后，移动鼠标滚轮，可以看到缩放比例会随之发生变化，向上移动滚轮则增大显示比例，向下则减小显示比例。

（2）分辨率/向下采样系数弹出式菜单。AE 中的每个合成都有其自己的分辨率设置，这会在预览和最终输出渲染合成时影响合成的图像质量。每帧的渲染时间和所占内存与要渲染的像素数大致成比例。默认状态下为"完整"分辨率，有时为了降低内存负荷，可以把分辨率降低为 1/2 或者 1/4。可以选择"合成"→"合成设置"命令，从"合成设置"对话框进行"分辨率"设置，或者从合成窗口底部的"分辨率/向下采样系数弹出式菜单"中进行选择。

（3）自动。适应合成窗口中视图的分辨率，以便仅渲染在当前缩放级别预览合成所必需的像素。例如，如果视图缩小至 25%，则分辨率将自动适应为值 1/4，显示为 1/4。

（4）选择网格和参考线选项。"选择网格和参考线选项"按钮在合成窗口的右下方，要显示或隐藏安全区域、网格、参考线或标尺，可以单击这个按钮并选择相应项目，或者使用"视图"菜单中的菜单命令进行选择。它提供了标题/动作安全、对称网格、网格等几个选项，其具体作用如下。

① 标题/动作安全。由于电视机播放视频时，可放大视频图像并允许屏幕边缘减掉边缘的某些部分，所以视频图像的重要部分需要保留在特定边距内，这个区域被称为安全区域，如图 1-3 所示。

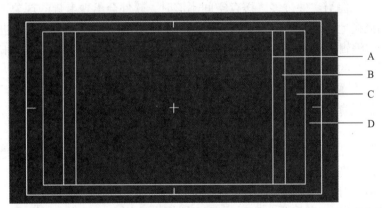

A—中心剪切标题安全区域；B—中心剪切动作安全区域；C—标题安全区域；D—动作安全区域

图 1-3　合成窗口中的安全区域和网格

② 标尺和参考线。标尺用于显示一个具有 x 轴和 y 轴的屏幕坐标系，可从标尺边缘拉出参考线，参考线用于对齐参考。参考线和标尺需要配合使用。

（5）查看颜色通道或 Alpha 通道。单击合成窗口底部的"显示通道及色彩管理设置"按钮并从菜单中进行选择。查看单个颜色通道时，图像将显示为灰度图像，且每个像素的颜色值将映射至从黑色到白色的范围内。

5）常用面板

在合成窗口的右边通常会显示一些常用的面板，如信息、预览、效果和预设、字符等，在实际操作时，可以根据需要关闭或者保留某些面板。在"窗口"菜单下，单击要打开的面板名称即可将其显示，已经打开的面板名字前面会显示"√"。

6）时间轴窗口

它是 After Effects 中最重要的工作窗口，在用软件制作视频和动画时起着非常重要的作用。在时间轴上可以设置关键帧，从而记录图层的属性或者效果在不同时间点的变化，从而生成动画；同时，所有图层和合成的时间长度在时间轴窗口中都会显示，并进行调整。时间轴窗口中还可以进行图层的一些基本操作，如调整各个图层顺序、图层复制、锁定图层等。

步骤 2　设置 AE 工作界面

（1）在本书配套资源文件夹 1-1 中，找到项目文件"AE 界面布局 .aep"，双击该文件，操作系统会自动启动 After Effects 软件打开这个文件。

（2）选择"窗口"→"工作区"→"标准"命令，将界面布局切换到标准模式，再分别切换到动画、效果和默认模式，观察界面的变化。

（3）在"默认"的布局模式中，关闭初阶段不常用的面板或窗口，如跟踪器窗口、内容识别填充和音频面板等。

（4）选择"窗口"→"工作区"→"保存对此工作区所做的修改"命令，将当前的界面布局进行保存，以方便后续的操作。

步骤 3　设置 AE 的媒体和磁盘选项

AE 软件运行过程中，会产生的大量缓存文件，默认情况下这些文件是会保存到 C 盘的默认文件夹中。但当文件过多，缓存空间不够时，软件会出现卡顿的现象。为了保证 AE 软件能够更加流畅地运行，可以根据需求选择一个磁盘空间比较大的驱动器进行缓存。

（1）单击"编辑"→"首选项"→"媒体和磁盘选项"命令，在弹出的窗口中，单击"磁盘缓存"选项下方的"选择文件夹"按钮，根据需求选择一个磁盘空间比较大的驱动器。

（2）接着再设置"匹配媒体高速缓存"选项下方的"数据库"和"缓存"两个选项的文件夹，将它们缓存文件夹的位置进行设置。设置完成后，单击界面上方的"确定"按钮。

步骤 4　清理 AE 软件的缓存文件

在 AE 软件运行过程中，如果出现卡顿现象，可以清理 AE 软件的缓存文件，以加快程序的运行速度，提高工作效率。缓存文件是 AE 软件使用的临时文件，因此，清理 AE 软件中的缓存文件不会对原始视频或动画文件造成任何影响。

（1）单击"编辑"菜单项，在弹出的下拉框中选择"清理"选项，然后在扩展栏中单击"所有内存与磁盘缓存"选项。

（2）在随后弹出的对话框中，单击"确定"按钮，等待系统清理完后，再重新启动 AE 软件即可。

任务 1.3　项目创建及管理

创建第一个
AE 项目.mp4

🗂 **任务描述**

李明在大三寒假期间进入某家影视广告公司实习，负责影视作品的后期制作。这次，公司接到一个项目，需要为某电视栏目的一部青春励志片制作一个动态的宣传海报，李明负责整理同事们制作的视频和图片素材，在 AE 软件中进行合成并输出最终的视频，下面一起来帮他完成这个任务。

知识准备

1. AE 工程项目

在 After Effects 中创建的项目，也就是一个工程文件，用于存储合成以及该项目中素材源文件的引用。AE 的项目文件使用的文件扩展名为 .aep 或 .aepx。使用 .aep 时，项目文件是二进制项目文件；使用 .aepx 时，项目文件则是基于文本的 XML 项目文件。

在 After Effects 中，一次只能打开一个项目。也就是说，如果在一个项目打开的状态下，再创建或打开其他项目文件，After Effects 就会提示保存已打开的项目中的更改，然后将其关闭。

在启动 After Effects 软件时，会自动生成一个新的项目。当为此项目创建了合成后，可以对项目进行保存，选择"文件"→"保存"命令，在弹出的"另存为"对话框中，输入项目名称并选择项目文件保存的位置即可。

要打开某个已保存的项目，可以选择"文件"→"打开项目"命令，找到项目的位置，然后选择打开。

2. 合成的概念

在 After Effects 中，合成就是影片的框架，每个合成均有自己的时间轴，它将视频和音频素材、动画文本和矢量图形、静止图像与特效融合在一起，合并成一个完整画面的容器。可以把每一个合成当作一个文件夹，这个文件夹里包含了创作的视频特效、动画、所有素材与相关信息。一个合成中也可以包含其他的子合成，这一点也与文件夹有点相似。

在 After Effects 中，进行视频导出时，是以合成作为一个基本单位进行渲染输出的。只有对合成进行渲染才能创建最终输出影片的帧，影片将被编码和导出为多种格式。简单项目可能只包括一个合成，而稍微一些的复杂项目可能包括多个合成，以便组织大量素材或多种效果。

3. 预设

创建合成时，面临的第一个问题就是如何设置合成的各个参数值。在合成窗口中，需要根据项目需求选择合成的视频类型、尺寸、帧速和持续时间等信息，如图 1-4 所示。

其中比较重要的一项就是预设的设置。在预设设置中，可以选择视频的类型，包括目前各个国家使用的几种电视制式和常用的视频格式。

（1）电视制式在前文中已经介绍过，目前主要有 PAL、NTSC、SECAM 三种，中国大部分地区使用 PAL 制式。而 After Effects 中可以创建的视频格式有 HDV/HDTV、UHDTV 4K/8K、Cineon 等。

（2）HDV 和 HDTV 都是新一代的高清格式视频。其中，HDTV（High Definition Television）是影视后期工作中最常用的视频格式，它的中文名为"高清晰度电视"，采用数字信号，拥有较好的视频、音频效果。

（3）UHDTV 4K/8K 是数字电视和数字电影使用的超高清电视分辨率视频格式。

（4）Cineon 是由柯达公司开发的一种适合于电子复合、操纵和增强的 10 位 / 通道数字格式。使用 Cineon 格式可以在不损失图像品质的情况下输出回胶片。

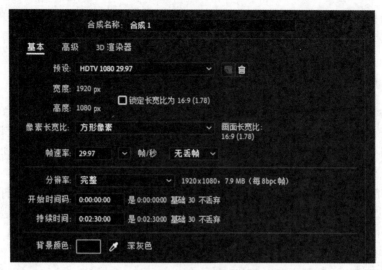

图 1-4 "合成设置"面板

（5）胶片目前主要用于商业故事片，所以一般较少选用这种格式。

任务实施

步骤 1 新建合成

在启动 AE 软件后，在合成窗口会显示"新建合成"按钮和"从素材新建合成"按钮，如图 1-5 所示。

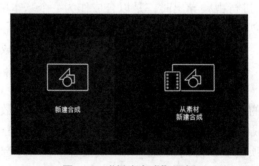

图 1-5 "新建合成"面板

单击左边的"新建合成"按钮，弹出"合成设置"窗口，用于对新建立的合成参数进行相关设置。

如果已经进入了 AE 软件的工作界面，也可以通过单击"合成菜单"下的"新建合成"命令，或者项目窗口下方的"新建合成"按钮 ，去建立一个新的合成。使用这种方法建立的合成，跟素材的尺寸和时间都是完全一致的，后续如果需要调整，可以重新打开合成设置面板进行调整。

在合成设置面板中，需要输入合成名称，AE 软件中的合成名称和保存路径最好用英文表示，如果是中文，有可能出现读不出正确合成名称的情况。另外，比较常用的预设为"HDTV 1080 25"，它默认为方形像素，尺寸为 1920 像素 ×1080 像素，帧速率为 25 f/s。

合成时间则需要根据项目的内容进行设置。

本次任务将合成命名为宣传海报，预设设置为 HDTV 1080 25，合成尺寸保持默认的 1920 像素 ×1080 像素即可，持续时间设置为 8 秒。

步骤 2　素材导入

制作影视特效的作品，通常都需要导入视频、图片及声音等素材。AE 软件中可以导入的文件类型非常广泛，除了常用的格式为 .jpg、.img、.bmp、.ai 等的静止图像，还可以分层导入 .psd 文件。另外，AE 软件支持大部分的视频格式，还可以导入 .swf 和 .gif 等动画文件。此外，AE 软件还可以导入由 3ds Max 或者 Maya 等软件创建的三维模型文件。

在本任务中，需要导入几个图片和视频素材文件。执行"文件"菜单下面的"导入"→"文件"命令，在弹出的"导入文件"窗口中，选择本书配套资源文件夹 1-3 中的文件"国潮背景 .psd"，确认后会弹出一个 .psd 文件的导入设置对话框，如图 1-6 所示。

图 1-6　.psd 文件导入

在 AE 中导入 .psd 文件，可以根据项目的需求，选择保持原有的图层分层导入，也可以作为一个图片整体导入。本任务中，将"导入种类"设置为素材，"图层选项"设置为合并的图层，将 .psd 文件作为一张背景图片整体导入。

在项目窗口的空白处双击，再次选择本书配套资源文件夹 1-3，导入"飞鸟"和"仙鹤"视频文件和"宣传 LOGO"图片文件。

步骤 3　编辑图层

1）设置图层大小

在项目窗口中选择素材"国潮背景 .psd"拖入"宣传海报"合成，在合成窗口中会显示图片的内容，如图 1-7 所示。

观察合成窗口，会发现合成的上下边缘部分都露出了网格背景。这是什么原因造成的呢？

在项目窗口中单击"国潮背景"图片，在其上方的小预览窗口就会显示图片的信息，它的尺寸大小为 1920 像素 ×1000 像素，而宣传海报合成的尺寸为 1920 像素 ×1080 像素，所以，图片的原始高度是小于合成高度的。要解决这一问题，可以对图片的高度进行适当的拉伸，或者是对合成的大小进行修改，这里选择拉伸方法。

图 1-7 "宣传海报"合成效果

在下方的图层面板中，右击"国潮背景"图层，执行"变换"→"适合复合"命令，可以迅速地让图片与合成尺寸相匹配。但要注意两者尺寸不可以相差太大，否则会造成图片的明显变形。

2）调整图层位置

将"飞鸟"素材从项目窗口拖至"宣传海报"合成中并置于"国潮背景"图层的上方。在合成窗口中调整"飞鸟"的位置，将其移动到合成的左上方。

再将"仙鹤"素材从项目窗口拖至"宣传海报"合成中并置于"飞鸟"图层的上方。在合成窗口中调整"仙鹤"的位置，将其移动到合成的右方，如图 1-8 所示。

图 1-8　设置"飞鸟"和"仙鹤"素材

由于"仙鹤"视频的时间只有 2 秒，选择"仙鹤"图层，按下 Ctrl＋D 组合键复制图层，并将复制的图层在时间轴上向右拖至第 2 秒，使其与"仙鹤"图层首尾相接。选择"仙鹤"图层，再复制两份，并调整图层出现的时间。

将宣传 LOGO 从项目窗口拖至"宣传海报"合成中并置于最上方，移动图片至合成中间的位置，如图 1-9 所示。

图 1-9　"宣传海报"效果图

步骤 4　保存项目

在合成编辑好后，执行"文件"→"保存"命令，在弹出的对话框中，输入项目文件名为宣传海报，将项目文件进行保存。

由于项目文件中往往关联了大量的素材文件，在保存项目文件时，只是保存了对素材文件的引用，而不是文件本身，所以一旦素材文件被移动或者删除，就会造成素材丢失的问题。

因此，如果在项目中导入了素材，只保存项目工程文件是不够的，还需要收集素材文件。此时，可以执行"文件"菜单下的"整理工程"→"收集文件"命令，然后在弹出的窗口中选择"收集源文件"→"全部"，再单击下方的"收集"按钮，如图 1-10 所示。

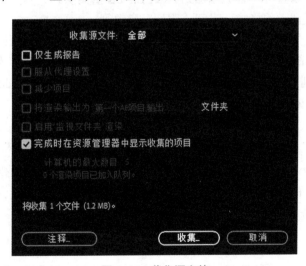

图 1-10　收集源文件

此时，AE 软件会生成一个与项目文件同名的文件夹，里面包含了工程文件和所用到的素材文件。值得注意的是，当对 AE 项目文件进行移动或复制时，一定要以此项目文件夹为单位进行操作，否则同样也容易出现素材文件缺失的问题。

任务 1.4 影片输出

影片输出.mp4

 任务描述

李明在一家影视广告公司负责影视作品的后期制作。在公司完成制作一个宣传海报的工程项目中，李明负责用 After Effects 渲染输出一段 .mov 格式的视频。下面一起来帮他完成这个任务。

知识准备

当项目制作完毕后，需要将合成导出成影片，这个过程中要根据输出的视频格式、传播媒介以及播放平台进行设置。After Effects 的输出功能很强大，下面来介绍常用视频格式的输出方法。

1.4.1 渲染

1. 渲染的概念

在 After Effects 中，要将工程项目输出为视频、图片序列或者动画文件，就需要进行渲染，也就是从合成中创建影片帧的过程。在这一过程中，系统依据构成该图像模型的合成中所有图层、设置和其他信息，创建合成的二维图像。影片的渲染是对影片逐帧渲染。在渲染合成并生成最终输出之后，它由一个或多个输出模块处理，这些模块将渲染的帧编码到一个或多个输出文件中。

要生成输出，可以直接将合成添加到 After Effects 渲染队列，然后在渲染队列面板中选择渲染设置，如设置视频的格式、时间、质量、音频等。

如果系统中安装了 Adobe Media Encoder 辅助软件，在渲染时也可以使用它来进行影片的输出。Adobe Media Encoder 支持大多数影片格式，可以迅速实现影片的渲染输出。在导出时，选择"添加到 Adobe Media Encoder 队列"，Adobe Media Encoder 会以"导出设置"对话框的形式出现，在该对话框中可以指定编码格式和输出设置。

> **注 意**
>
> After Effects 中有些种类的导出不涉及渲染，这种情况一般是工作流程的中间阶段，而不是针对最终输出的。例如，可以通过选择"文件"→"导出"→"Adobe Premiere Pro 项目"命令，将项目导出为 Premiere Pro 项目。

2. 渲染管理

在渲染队列面板中，可以同时管理多个渲染项，每个渲染项都有自己的渲染设置和输出模块设置。

渲染设置主要用来确定影片的以下特征：①输出帧速率；②影片持续时间；③分辨率；④图层品质。

在渲染设置之后进行应用的输出模块设置，确定以下渲染后的特征：①输出格式；②压缩选项；③裁剪；④是否在输出文件中嵌入项目链接。

使用渲染队列面板，可以将同一合成渲染成不同格式或使用不同设置进行渲染，只需选择渲染按钮即可完成所有这些操作，例如，可以输出为"Cineon 序列"等静止图像序列，再将该序列转换为影片以便在电影院放映。还可以输出到 QuickTime 容器，以转换到非线性编辑系统进行视频编辑。

1.4.2　视频格式

After Effects 支持多种视频格式的输出，基本包含了目前常用的视频格式，例如 WMV、AVI、MOV、MP4 和 GIF 等，下面分别介绍这些视频格式。

1. WMV

WMV 是微软公司开发的一系列视频编解码及其相关的视频编码格式的统称，是微软 Windows 媒体框架的一部分。它可以提供高质量的视频和音频，还具有加密功能，从而可以保护文件的版权。WMV 包含三种不同的编解码，包括最初为 Internet 上的流应用而设计开发的 WMV 原始视频压缩技术，为满足特定内容需要而设计开发的 WMV 屏幕以及 WMV 图像的压缩技术。在同等视频质量下，WMV 格式文件可以边下载边播放，因此很适合在网上播放和传输。

2. AVI

AVI 是一种将语音和影像组合在一起的文件格式。在 After Effects 中选择导出合成后，如果保持默认设置，输出的就是无损的 AVI 视频文件，采用的是 NO Compression（无压缩）的编码方式。这种编码方式导出的视频质量最高，但数据量也是最大的。以一个 5 秒的小动画为例，导出 AVI 后大小约为 1G。这种输出格式不适用于时间较长的视频，也不适用于网络传播，可以在后期使用一些格式转换软件（格式工厂、魔影等）对视频进行压缩转换。

3. MOV

MOV 是电影制作行业的通用格式，具有容量小、质量高的特点，默认的播放器为 QuickTime Player。如果要在 After Effects 中输出 MOV 的视频格式，必须先安装 QuickTime Player。

在"渲染队列"窗口中，单击"输出模块"后的选项，打开"输出模块设置"对话框，在"格式"选项中选择"QuickTime Player"。

4. MP4

MP4 视频格式是一种使用 MPEG-4 的多媒体计算机档案格式，以存储数码音频及数码视频为主，受大部分机器设备的支持。要在 After Effects 中导出 MP4 格式的视频，需要先安装 After Codecs 插件或其他插件，一方面可以提高渲染速度，另一方面能保证输出视频的质量，同时压缩视频的大小。

安装 After Codecs 插件后，在"输出模块设置"对话框的"格式"选项中，可以直接选择 After Codecs.mp4，导出 MP4 格式的视频。

5. GIF

GIF 原义是"图像互换格式"，是 CompuServe 公司在 1987 年开发的图像文件格式。

GIF 文件的数据是一种基于 LZW 算法的连续色调的无损压缩格式。它不属于任何应用程序。目前几乎所有相关软件都支持该格式，公共领域有大量的软件在使用 GIF 图像文件。

GIF 分为静态 GIF 和动画 GIF 两种，支持透明背景图像，适用于多种操作系统，"体型"很小，网上很多小动画都是 GIF 格式。其实 GIF 是将多幅图像保存为一个图像文件，从而形成动画。最常见的就是通过一帧帧的图像串联起来的搞笑 GIF 动画，所以归根到底 GIF 仍然属于图片文件格式。

任务实施

步骤 1   安装辅助软件

1）Media Encoder 软件

Media Encoder 是由 Adobe 公司最新发布的一款视频、音频编码转换软件。该软件功能十分强大，它可以转换各种视频或者音频格式的文件，而且针对不同的应用程序开发和各种格式，对音视频文件进行编码。它还支持摄取、转码、创建代理并输出多种格式，可以有效地减少渲染影片所花费的工作时间。

本书所用的版本为 Media Encoder 2021，它适用于 H.264 和 HEVC 格式的全新色彩管理，Media Encoder 会在输出文件中包含正确的色彩空间元数据，从而确保色彩能够在目标平台上正确显示。可以到 Adobe 的官网进行下载软件的安装包，并按照提示进行安装。

2）After Codecs 软件

After Codecs 是一款用于视频压缩导出的 AE 插件。它可以输出 MOV 和 MP4 格式，填补了 After Effects、Premiere Pro、Adobe Media Encoder 编解码器的空白。After Codecs 提供 Pro Res / H264 / H265 / HAP 编解码器，可在 Windows 上实现优质和轻量级视频，而且让 AE 轻松渲染输出 MP4 格式，借助 After Codecs 现在可以完美导出 MP4 格式的视频文件，而且渲染速度也比 AE 自带的渲染功能要快。

步骤 2   添加到渲染队列

进入 After Effects 软件，打开在任务 1.3 中创建的"宣传海报"工程文件，选择"宣传海报"合成，在"文件"菜单下选择"导出"→"添加到渲染队列"命令。此时，在时间轴的合成名称旁边会出现一个渲染队列窗口，如图 1-11 所示。

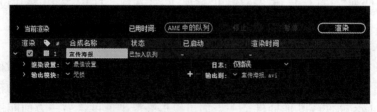

图 1-11   渲染队列窗口

步骤 3   输出设置

在渲染队列窗口中有三个设置项："渲染设置""输出模块"和"输出到"。

1）渲染设置

如果不进行任何修改，"渲染设置"默认选项为"最佳设置"，此时视频质量是最高的，

画质比较清晰。但如果需要进行参数的修改，可以单击"最佳设置"，在弹出的"渲染设置"面板中进行设置。其中，重要的参数选项如下。

（1）品质。默认为"最佳"，也可以根据具体情况选择"草图"或者"线框"。

（2）分辨率。默认为"完整"，单击下拉列表，也可以选择"二分之一""三分之一""四分之一"等选项。

（3）场渲染。一般保持默认的关闭状态即可，因为 After Effects 一般不带场输出。

（4）时间长度。可用于设置输出视频的时间，默认为工作区的时间。

（5）帧速率。默认值为 25 f/s，也可以根据需要进行修改。

2）输出模块

输出模块是视频输出最重要的一个部分，这一模块的默认选项为"无损"，在"无损"上单击，会弹出"输出模块设置"面板。其中重要的参数选项如下。

（1）格式。可以设置输出的视频格式类型，默认为 AVI 格式，也可以选择 MOV、RMVB 等格式。

（2）格式选项。选择某种视频格式后，单击"格式选项"会弹出对话框，主要用于设置当前视频的输出格式。After Effects 自带的编码器比较少，可以安装 QuickTime 或者其他编码输出插件，它们支持更多类型的输出编码，渲染输出速度也更快，这样既能保证输出视频的质量，又能压缩视频的大小。

在本任务中，选择 After Codecs 编码器的视频格式。在"无损"选项上单击，弹出"输出模块设置"面板后，在"格式"一栏中选择 After Codecs.mov，然后单击"确定"按钮。

（3）调整大小。默认为关闭状态。勾选后，可以用来设置画面的缩放比例，调整画面的大小。

（4）裁剪。默认为关闭状态。勾选后，可以通过设置裁切的范围来对画面大小进行调整。

（5）音频输出。此选项有三个可选项：默认为"自动音频输出"，也就是当合成中有音频时，会自动输出声音；如果改为"关闭音频输出"，则不管有无音频都不会输出声音；如果改为"打开音频输出"，假设合成中没有音频，则会输出静音音频轨道，但若有音频，则直接输出声音。

3）输出到

在渲染队列窗口中单击"输出到"后面的"宣传海报 .mov"，随后会弹出"将影片输出到"窗口。此窗口用于选择视频文件输出的位置和名称，在此任务中，将视频文件命名为"宣传海报视频"，并存放在指定的 AE 项目文件夹中即可。

设置完毕后，单击"渲染"按钮，系统会开始进行渲染，此过程会耗费一些时间，进度条达到百分之百后，即可预览导出的视频。

能力自测

一、选择题

1. PAL 制影片的帧速率是（　　　）。

　　A. 24 f/s　　　　　　　B. 25 f/s　　　　　　　　C. 29.97 f/s　　　　　　　D. 30 f/s

2. 在 After Effects 软件中编辑视频，最小时间单位是（　　　）。

　A．小时　　　　　　　　B．分钟　　　　　　　　C．秒　　　　　　　　D．帧

3. 如果要连续在 After Effects 中导入多个素材，应该选择（　　　）命令。

　A．导入 / 文件夹　　　　　　　　　　B．项目窗口中双击

　C．导入 / 多个文件　　　　　　　　　D．导入 / 文件

4. 可以在（　　　）中通过调整参数，精确控制合成中的对象。

　A．项目窗口　　　　　　　　　　　　B．合成窗口

　C．时间轴窗口　　　　　　　　　　　D．信息窗口

5. 对于视频制式的使用，（　　　）描述是不正确的。

　A．美国和加拿大采用 NTFS 制　　　　B．日本采用 PAL 制

　C．欧洲采用 NTFS 制　　　　　　　　D．中国采用 PAL 制

6. After Effects 软件最主要的功能是（　　　）。

　A．应用于数字化视频领域的后期合成

　B．基于 PC 或 Mac 平台对数字化的音视频素材进行非线性的剪辑编辑

　C．基于 PC 或 Mac 平台对数字化的音视频素材进行非线性的叠加合成

　D．制作多媒体文件

7. After Effects 中同时能有（　　　）项目工程处于开启状态。

　A．2 个

　B．1 个

　C．可以自己设置

　D．只要有足够的空间，不限定开启项目的数量

二、填空题

1. After Effects CS3 是 Adobe 公司的一款_____。

2. NTSC 制影片的帧速率是_____。

3. _____选项可以渲染出合成图像的 1/2 像素。

4. 影片在播放时每秒扫描的帧数被称为_____。

5. 要在一个新项目中编辑、合成影片，首先需要建立一个_____，通过_____达到最终合成效果。

6. 要建立一个新的合成，可以按快捷键_____。

7. 在 AE 中还有一个相对较为独立的模块，就是_____，它类似于 Adobe Photoshop 的工具箱。

8. 在 After Effects 中，特效滤镜被放在_____面板中，它位于整个软件主界面的右侧。

单元2

图层与蒙版

单元引言

本单元主要介绍 After Effects 图层和蒙版的相关知识，这也是制作各种视频特效和动画效果的基础。本单元将通过一些实例，详细讲述图层类型及其特点、图层基本操作方法和技巧、时间轴与关键帧的概念及应用方法，以及蒙版与轨道遮罩的概念及设置方法。通过本单元可以学习视频及动画的创建方法，并掌握蒙版和轨道的应用技巧。

学习目标

知识目标

- 了解 After Effects 的图层类型和特点。
- 熟悉图层的设置方法和基本操作。
- 熟悉图层蒙版的创建和编辑方法。
- 熟悉时间轴和关键帧的应用方法。
- 了解遮罩的应用原理。

能力目标

- 具备视频界面的布局和设计能力。
- 能够运用时间轴和关键帧制作图层动画。
- 具备运用轨道遮罩和蒙版制作图层动画的能力。

素养目标

- 全面提高实践、审美和创新能力，提升职业素养。

- 养成认真负责的工作态度、塑造精益求精的工匠精神。
- 通过"中国风"动画的制作，对中华文化底蕴有更深的了解。

项目重难点

项目内容	工作任务	建议学时	重 难 点	重要程度
使用 AE 软件进行影视项目的建立和输出	任务 2.1 图层设置	2	了解图层的类型和特点，掌握图层的基本操作	★★★★☆
	任务 2.2 时间轴与关键帧应用	2	了解时间轴的特性，掌握关键帧的设置	★★★★★
	任务 2.3 蒙版应用	2	掌握图层蒙版的编辑方法和应用技巧	★★★★★
	任务 2.4 轨道遮罩	2	掌握遮罩的应用原理	★★★★☆

任务 2.1 图层设置

任务描述

张俪在一家影视动画公司工作，负责影视作品的后期制作。这次她所在的部门接到一个任务：为某餐厅制作美食广告视频。主管让张俪负责视频的界面设计，她需要根据客户提供的素材，在 AE 软件中进行视频的界面布局，制作不同类型的图层，并对这些图层进行属性设置。

知识准备

图层是构成合成的元素，如果没有图层，合成就只是一个空帧。在制作视频时，可以根据需要使用许多图层来创建合成。某些合成甚至包含了数千个图层，而有些合成仅包含一个图层。

After Effects 中的图层类似于 Adobe Premiere Pro 中的轨道。不同的是，每个 After Effects 图层不能以多个素材项目作为其源，而一个 Premiere Pro 的轨道通常可以包含多个剪辑。After Effects 中的图层还类似于 Photoshop 中的图层，但两者用于操作图层的接口不同，而且 After Effects 还提供了时间轴，可以为图层制作更为丰富的动态效果。

在 After Effects 中可以创建多种图层，具体步骤如下。

（1）基于导入的素材项目（如静止图像、影片和音频轨道）的视频图层和音频图层。

（2）After Effects 内创建的用来执行特殊功能的图层，如摄像机、光照、调整图层和空对象图层。

（3）用于创建纯色素材项目的纯色图层。

（4）可视元素的合成图层，如形状图层和文本图层。

（5）预合成图层，它们使用合成作为其源素材项目。

本任务中将详细介绍不同类型的图层特点和设置方法。

2.1.1 图层的类型

1. 素材图层

在项目窗口中，可以基于任何素材项目（包括其他合成）来创建图层。在将素材项目添加到合成后，素材会成为一个独立的图层，可以为生成的图层添加特效使其动态化。而且，在修改素材图层时，不会影响其源素材项目。在 After Effects 中，可以使用相同素材项目作为多个图层的源，并在每个实例中以不同方式使用该素材。

默认情况下，在创建以静止图像素材作为其源图层时，该图层的持续时间就是合成的持续时间。如果需要修改静止图像素材的默认持续时间，可以单击"编辑"→"首选项"→"导入"命令，修改由静止图像素材生成图层的默认持续时间。在通过素材创建图层后，也可以通过修剪该图层来更改其持续时间。

当基于多个素材项目创建图层时，图层将按照它们在项目窗口中的顺序显示在时间轴窗口的图层堆叠顺序中。After Effects 会自动对合成中的所有图层进行编号。默认情况下，这些编号显示在时间轴窗口中，位于图层名称旁边，编号对应于该图层在堆叠顺序中的位置，如图 2-1 所示。当堆叠顺序更改时，After Effects 会相应地更改所有编号。图层的堆积顺序影响渲染顺序，进而影响如何为预览和最终输出渲染合成。

图 2-1　素材图层编号

在将基于素材项目的图层插入合成中之前，可以在素材窗口中修剪该素材项目，具体步骤如下。

（1）在项目窗口中双击某个素材项目，在素材窗口中将其打开。

（2）将素材窗口中的当前时间指示器转至要用作图层入点的帧，然后单击素材窗口底部的"设置入点"按钮。

（3）在素材窗口中，将当前时间指示器移动到希望用作图层的出点的帧，并单击位于素材窗口底部的"设置出点"按钮。

要基于此修剪的素材项目创建图层，可以单击位于素材窗口底部的"叠加编辑"按钮，在当前合成的顶部创建图层，入点设置为时间轴窗口中的当前时间，或者单击位于素材窗口底部的"波纹插入编辑"按钮，入点设置为时间轴窗口中的当前时间，但会拆分其他图层。新创建拆分图层的时间点将后移，使其入点与插入图层的出点位于同一个时间点，如图 2-2 所示。

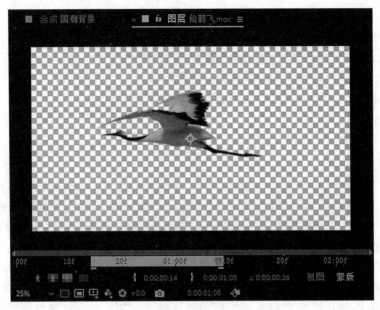

图 2-2　设置素材入点和出点

2. 文本图层

文本图层是 After Effects 中最常用的图层类型，主要用于编辑文本类型的对象。文本图层有许多用途，如动画标题、下沿字幕、演职员表滚动字幕和动态排版等。在 After Effects 中，每个文本对象都会对应一个文本图层，这些图层自带一些创意选项，可用于文本的格式化和自定义。

文本图层是合成图层，这意味着文本图层不使用素材项目作为其源，但是可以将来自某些素材项目的信息转换为文本图层。文本图层也是矢量图层，与形状图层和其他矢量图层一样，文本图层也是始终连续地栅格化，因此在缩放图层或改变文本大小时，它会保持清晰的、不依赖于分辨率的边缘。

在"图层"菜单下选择"新建"→"文本"命令，或者使用文本工具，可以创建一个新的文本图层。建立一个文本对象后，可以通过字符和段落面板，调整文字的大小、字体、颜色等信息。

要想显示字符面板，可以选择"窗口"→"字符"命令，或者在选择文字工具的情况下，在工具栏中选择"自动打开面板"。使用字符面板设置字符格式，一般有以下 3 种情况。

（1）如果选择了文本，在字符面板中所做的更改仅仅影响选定的文本。

（2）如果没有选择文本，那么所做的更改将影响所选的文本图层，以及文本图层源文本的选定关键帧。

（3）如果没有选择文本，并且没有选择文本图层，在字符面板中所做的更改将成为下一个文本的新默认值。

在 After Effects 中，可以为整个文本图层的属性或单个字符的属性设置动画，也可以使用文本动画器和选择器创建文本动画。3D 文本图层还可以包含 3D 子图层，每个字符对应一个子图层。

3. 纯色图层

纯色图层也被称为固态图层，顾名思义，它是由某个单色构成的图层，在 After Effects 中可以创建任何纯色和任何大小（最大 30000 像素 × 30000 像素）的图层。纯色图层与任何其他素材图层一样，可以添加蒙版，修改变换属性，以及添加一些图层特效。

纯色图层在影视特效中应用非常广泛，它本质是一个载体，经常用来作为视频和动画的背景。更多的时候，可以用它来添加一些预设效果，再与其他图层进行图像融合，从而实现某些动画特效，或者也可以用它来作为复合效果的控制图层。有时，也可以用纯色图层来制作遮罩，结合蒙版技术来为其他图层增加某种效果。

4. 形状图层

形状图层包含着被称为形状的矢量图形对象，矢量图形由数学定义的直线和曲线组成，根据图像的几何特征对图像进行描述，因此它与分辨率不相关，能够保持清晰的边缘并在调整大小时不丢失细节。

默认情况下，形状包括路径、描边和填充。路径包括段和顶点，通过拖动路径顶点、改变每个顶点的方向线或路径段自身，可以更改路径的形状。路径自身在渲染的输出中没有视觉外观；它本质上是关于如何放置或修改其他视觉元素的信息集合。After Effects 的一些功能，包括蒙版、形状、绘画笔触以及运动路径都依赖于路径的概念。

形状的描边和填充都是绘画操作，它们可以向路径或由路径定义的区域中添加彩色像素。描边或填充可以由纯色组成，也可以使用渐变颜色。描边可以是连续的，也可以由定期重复的一系列虚线和间隙组成。每个描边和填充都有自己的混合模式，用于确定与同一组中的其他绘画操作的交互方式。

一般通过形状工具或者钢笔工具在合成窗口中进行绘制来创建形状图层，形状图层中的形状可以是矩形、椭圆、多边形等常见形状，也可以是用钢笔工具绘制的一些特殊形状。

形状图层带有特殊的属性，如描边和填充等，可以根据需求为其设置不同的显示效果，如设置描边的大小，或者取消描边，或者填充。另外，形状图层自带的一些特殊效果。展开形状图层的属性，在"内容"选项右边的"添加"按钮上单击，可以选择创建一些预设的形状效果，如矩形、路径、填充、渐变填充、合并路径等。添加这些形状效果后，会在形状图层下面显示其自带的参数，调整这些参数，就可以生成不同的动画效果。

例如，为矩形添加从红色到黑色的渐变填充，并设置起点和结束点，分别放在形状的最左边和最右边，效果如图 2-3 所示。

5. 调整图层

调整图层是一种比较特殊的图层。一般情况下，调整图层自身是无法显示的，但是在该图层上添加的特效，会对它下面所有的图层起作用。所以，当想要为多个图层同时添加某个效果的时候，就可以在这些图层的上方建立一个调整图层，并为这个调整图层添加这个效果，从而不必在每个图层上逐一添加特效，从而节约制作时间。

要创建调整图层，可以选择"图层"→"新建"→"调整图层"命令，或者按组合键 Ctrl + Alt + Y。

要将选定的图层转换为调整图层，可以在时间轴窗口中选择图层的"调整图层"开关，或者选择"图层"→"开关"→"调整图层"命令。

图 2-3　渐变填充效果

调整图层的基本属性和行为都与其他类型的图层一样。例如，可以通过改变它的位置、缩放和旋转等属性值，修改调整图层的坐标、大小、角度等，还可以将关键帧或表达式与调整图层的属性结合使用，从而制作一些动画效果。

例如，如果需要同时为某形状图层和某背景图层添加颗粒效果，可以在其上方建立一个调整图层，并单击"效果"→"杂色和颗粒"→"添加颗粒"命令。调整颗粒的强度为 8，大小为 1.4，效果如图 2-4 所示。

图 2-4　应用调整图层

新建的调整图层的默认大小和合成大小一致，调整的范围受其自身大小所限制，因此要注意下方图层的大小要在此范围之内。如果需要将效果仅应用于基础图层的一部分，可以在调整图层上使用蒙版。

2.1.2　图层属性

每个图层均具有一些属性，通过修改这些属性值并创建关键帧，可以为图层添加动画设置。其中，不管什么类型的图层，都有一个基本属性组：变换组。变换组包括锚点、位置、缩放、旋转和不透明度等属性，所有图层的属性都是时间性的，它们可以随着时间的变换更改图层的效果。

图层的某些属性仅具有时间组件，如不透明度属性等，还有一些属性具有空间性，如位置和旋转属性等，它们可以跨合成空间移动图层或其像素。大多数属性都具有秒表，在After Effects中可为具有秒表的任何属性制作动画，也就是说，随着时间的推移可以更改这些属性。

下面详细介绍变换组中的各个属性。

1.锚点

锚点（Anchor Point）是图层的定位点，也是图层缩放和旋转的轴点。默认情况下，大多数类型的图层锚点位于图层的中心。而在开始进行图层的动画制作之前，通常会根据需要对图层的锚点进行设置，使其位于指定的位置，以便图形按照某个特定轴点进行缩放或旋转。

如果需要修改锚点，可以单击工具栏上的向后平移（锚点）工具，或者通过快捷键Y激活向后平移（锚点）工具，此时锚点可以被拖动，配合Ctrl键，可以将锚点迅速锁定到图层或者图像的控制点上。另外，在变换属性下调整锚点的数值，也可以修改图层锚点的位置。

例如，在图2-5中，矩形的锚点位于右边，如果要将矩形沿上边缘旋转30°，就需要先将锚点移到矩形的上边，再调整旋转值，如图2-5所示。

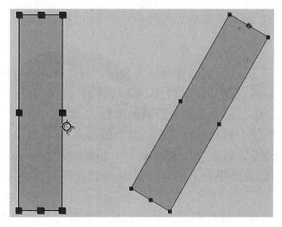

图2-5　移动锚点的位置

要将锚点重置到它在图层中的默认位置，可以双击工具栏中的向后平移（锚点）工具按钮。

按住Alt键（Windows）并双击向后平移（锚点）工具按钮，可以将锚点重置到它在图层中的默认位置，同时将图层移动到合成的中心。

2. 位置

位置（Position）是图层锚点在上一级"容器"中的坐标值，图层的上级"容器"一般是合成，所以位置即是图层在合成中的坐标值。将图层下方的变换属性组展开，或者使用快捷键 P，可以打开图层的位置属性。

调整位置属性的方式有很多，可通过调整属性值的方式来改变位置，也可使用选取工具在合成窗口中直接拖动图层，拖动时如果同时按住 Shift 键，可将拖动限制在水平方向或垂直方向，还可使用光标键（或同时按下 Shift 键）进行精细移动。

另外，如果将 AE 中绘制的路径直接复制粘贴到位置属性上，可以快速得到沿着此路径运动的关键帧动画。

3. 缩放

展开图层的变换属性组，可以找到图层的缩放属性（Scale），也可以使用快捷键 S 直接展开图层缩放属性。在默认情况下，缩放属性中的"约束比例"锁链处于选中的状态，此时调整缩放属性值，会按原比例同时调整图层的宽度和高度。如果需要单独调整高度或宽度，可以取消"约束比例"锁链标志，进行图层的单方向缩放。与其他变换一样，缩放是围绕图层的锚点执行的。

如果想对图层进行水平翻转或垂直翻转，只需在数值前方加上－号即可，要注意此时应取消"约束比例"锁链标志，使图层只沿着一个轴向进行角度的翻转。

除了直接调整图层的缩放值之外，在 AE 软件中也可通过选择选取工具，然后单击图层，此时图层的边缘会出现八个控制点，可以直接操控这八个控制点来改变图层的大小。双击选取工具，可重置缩放属性。

有一些特殊的图层，例如摄像机、光照和仅含有音频的图层，是没有缩放属性的。

4. 旋转

旋转属性（Rotation）可以用来调整图层的角度，可以通过展开图层的变换属性组，或者是按下快捷键 R，显示图层的旋转属性窗口。旋转值由圈数和度数两个部分组成，第一部分是完整旋转的圈数，第二部分是部分旋转的度数。

在旋转属性右边的数值上拖动鼠标可以调整数值的大小，也可以使用数字小键盘上的＋或－键进行旋转数值的调整，每次增加或减少 1°，如果同时加按 Shift 键，可以增加或减少 10°。正值表示顺时针旋转，负值则表示逆时针旋转，双击旋转工具，可重置旋转属性，如图 2-6 所示。

可以在合成属性中拖动来旋转图层，还可以使用旋转工具拖动图层。如果在拖动时按住 Shift 键，可以将旋转属性值的增量限制为 45°。

当将普通的图层转换为 3D 图层时，由于增加了 z 轴的轴向，图层的旋转属性也会相应地转换为方向、x、y、z 轴旋转 4 个属性。

当为某个图层设置了路径动画时，可以在图层菜单下选择"变换"→"自动定向"命令，此时图层会自动调整旋转属性值，使其与路径方向相匹配。

图 2-6　将图片旋转 -10°

5. 不透明度

不透明度（Opacity）属性经常用来制作图层的淡入、淡出、转场效果，或者进行几个图层的效果叠加。它同样位于图层的变换属性组中，可以通过快捷键 R 快速展开图层的不透明度属性。它的数值介于 0 ~ 100%，在数值上拖动鼠标光标可以调整数值的大小，也可以在属性值上直接输入数值来修改不透明度，如图 2-7 所示。

图 2-7　将图片的不透明度降至 80%

2.1.3　父子关系

在制作动画的过程中经常会用到图层的父子关系。在具有父子关系的两个图层对象中，子对象可以随父对象的属性值同步变化，而子对象的变化不会影响父对象。因此，当需要通过将某个图层的变换分配给其他图层，来同步对该图层所做的更改时，就可以将两个图层设置为父子关系。

在为某个图层分配父级时，子图层的变换属性将与父图层相关，而与合成无关。例如，如果父图层向其开始位置的右侧移动 5 像素，则子图层也会向其位置的右侧移动 5 像素。父级类似于分组，对组所做的变换与父级的锚点相关。但值得注意的是，一个子级图层只能具有一个父级图层，而一个父级图层可以对应多个子级图层。

在 AE 软件中，可以通过图层关联器为两个图层设置父子关系。例如图层 A 和图层 B，拖动图层 B 的父级关联器并连接至图层 A，就可以将图层 A 设置为图层 B 的父级，如图 2-8 所示。

图 2-8　设置图层的父子关系

要从图层中删除父级，可以单击图层的"父级和链接"下拉菜单，在展开的菜单选项中选择"无"，就可以将两个图层的父子链接删除。

在制作动画时，如果能巧妙运用图层的父子关系，可以避免很多烦琐的步骤，让制作的过程变得更加简单。父子关系可以应用在以下几个方面。

1. 多个物体的旋转

旋转是图层的基本属性之一，物体的旋转动画是使用频率非常高的一种动画形式，制作起来也很简单，只需要在图层的旋转属性上创建关键帧就可以了。但有时需要实现多个物体的同时旋转，或者以一个物体为中心，去控制其他物体的旋转。在这种情况下，运用图层的父子关系，就可以事半功倍地解决问题。

例如，要制作一个星系旋转的动画，让太阳自转的同时，两个星球围绕着太阳旋转，可以将其他两个星球的父级都设为太阳图层，将锚点也设置在太阳的圆心处，再在太阳图层的旋转属性上创建关键帧动画即可，如图 2-9 所示。

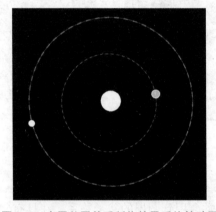

图 2-9　应用父子关系制作的星系旋转动画

2. 快速对齐

有时为了对齐两个对象的位置，可以直接复制位置的参数值，但如果其中一个对象是动态的，通过这种方法进行对齐就会比较麻烦。例如，其中一个图层在移动，需要保持两个图层的动态对齐。在这种情况下，如果利用图层的父子关系来进行对齐就方便很多。

3. 巧妙转换

当某个对象的动画制作完毕后，如果发现需要调整对象的位置，但直接修改关键帧的数值会比较烦琐而且容易出错。如果运用父子关系，为图层指定一个父对象并移动它的位置，就可以快速解决问题了。

任务实施

本次任务将制作一个 10 秒左右的美食短片。制作这类的视频，首先需要结合美食的素材图片，为其创建文字标题和广告语，再使用纯色图层作为背景，搭配不同的形状作为修饰，最后通过调整图层进行总体的特效应用，具体步骤如下。

美食短片
制作一.mp4

步骤 1　熟悉图层快捷操作

为了更加快捷地进行图层的设置，需要熟悉一些图层的快捷操作，这样可以在制作图层动画时，节省很多时间。

1）选择图层

（1）选定单个图层。直接单击某个图层名称，可选中此图层；也可以使用数字小键盘上的数字键，快速选中对应序号的图层。

（2）选定多个图层。使用组合键 Ctrl + A，可以选中所有的图层对象；单击某个图层，同时按下 Ctrl 键，可以选择多个不连续的图层；单击某个图层，同时按下 Shift 键，可以选择多个连续的图层。

（3）取消选择。使用组合键 Ctrl + Shift + A，或者按 F2 键，则可取消选择所有的图层对象。

2）复制与粘贴

在时间轴上单击某个图层，通过组合键 Ctrl + D 可以直接复制一个图层。也可以先使用组合键 Ctrl + C 进行复制，再选择某个位置，通过组合键 Ctrl + V 进行粘贴。

另外，使用组合键 Ctrl + Shift + C 可以复制选定的图层属性，使用组合键 Ctrl + Shift + V 可以将复制的图层属性粘贴到其他图层中。

3）改变图层排序

在时间面板中，可以通过上下拖动图层来改变图层的排列顺序。

如果要将图层下移或者上移一层，可以按住组合键 Ctrl + [/]，或者 Ctrl + Alt + ↑ / ↓。另外，按住组合键 Ctrl + Shift + [/]，可以将图层置底或者置顶。

4）替换

在制作影视项目时，经常需要用一个素材或者合成替换掉某个图层。这时，请注意一定要先选中需要被替换的图层，再按住 Alt 键，从项目窗口中将被替换图层拖动到时间轴窗口中，松开鼠标后，这个素材就会替换原来的图层了。

5）拆分

如果需要将图层从某个时间点进行拆分，可以按住组合键 Ctrl + Shift + D，这样可以迅速将图层拆分成上下两个图层。

步骤 2　创建素材层

（1）新建 AE 项目美食短片，单击项目窗口下方的"新建合成"按钮，创建一个新的合成。

（2）在弹出的"合成设置"窗口中，将合成的名称修改为"美食"，预设选择"HDTV 1080 25"，尺寸设置保持默认的 1920 像素 × 1080 像素，将持续时间设置为 10 秒。

（3）在项目窗口中双击，分别导入本书配套资源文件夹 2-1 中的图片文件"美食 1"~"美食 5"。在项目窗口中，同时选中 5 张图片素材，将其拖入合成"美食"中。

（4）同时选择 5 个素材图层，调整图层的时间长度为 2 秒。选择"动画"→"关键帧辅助"→"序列图层"命令，让这 5 个素材图层首尾相接。

步骤 3　创建纯色图层

在 After Effects 中要创建一个纯色图层，有以下几种方法。

（1）要创建纯色素材项目，但不在合成中为其创建图层，可以选择"文件"→"导入"→"纯色"命令。

（2）要创建纯色素材项目并在当前合成中为其创建一个图层，可以选择"图层"→"新建"→"纯色"命令或者按组合键 Ctrl + Y。

（3）在创建纯色图层时，要创建适合合成的图层，请选择"制作合成大小"。

本任务直接按下组合键 Ctrl + Y 生成一个纯色图层，将其名称设置为"背景"，尺寸与合成大小（1920 像素 ×1080 像素）一致，并将颜色设置为浅蓝色，在时间轴窗口中的图层堆叠顺序中，将此背景层置于最下方。

　注　意

　　在创建纯色图层之后，如果需要修改图层的参数，可以通过图层菜单下的"纯色设置"命令，或者使用组合键 Ctrl + Shift + Y，打开"纯色设置"对话框，修改纯色图层的参数。

步骤 4　创建形状图层

在工具栏上选择矩形工具，将描边设置为"无"，填充色设置为橙色。在设置填充色时，可以用吸管在图片上吸取颜色，这样可以让整个画面的色彩更加协调。

在合成窗口中，画出一个矩形，使其高度约为合成高度的 2 倍，其宽度约为合成宽度的 1/3，如图 2-10 所示。

图 2-10　绘制合适的矩形

选中形状图层，将其重命名为"左边"。展开变换属性，将其旋转值调整为 +25°，并将矩形移到画面的左边缘。

选中形状图层，按下 Ctrl + D 组合键复制，将复制层重命名为"右边"。将这个形状图层的填充色选为蓝色，移到画面的右边缘，如图 2-11 所示。

图 2-11 调整矩形的角度和位置

步骤 5 创建文本图层

接下来，添加文字效果。在工具栏上选择"横排文本工具"，新建一个文本图层，将其命名为"左标题"，输入文字内容"新鲜"，字号为 150，字体为"华文琥珀"，颜色为白色，然后将文字移至画面的左上方。

选中"左标题"图层，在"效果和预设面板"中选择"动画预设"→ Text → Animate In →"下雨字符入"命令，为文字添加一个动态进入的效果。

再新建一个文本图层，将其命名为"右标题"，输入文字内容"美味"，字号为 150，字体为"华文琥珀"，颜色为白色，然后将文字移至画面的右下角。

将当前时间指示器移到第 1 秒，选中"右标题"图层，在"效果和预设面板"中，选择"动画预设→ Text → Animate In →平滑移入"命令，为文字添加一个动态进入的效果。

步骤 6 创建调整图层

在所有素材图层的上方，选择"图层"→"新建"→"调整图层"命令，新建一个调整图层。选中该图层，执行"效果"→"生成"→ CC Light sweap 命令。这个特效可以为画面添加一个模拟扫光的效果，此效果将作用于下方所有的素材图层。

展开效果属性面板，在 CC Light sweap 的设置面板中进行如下设置。

（1）调整 Direction（方向）为 +25 度，使其光束的方向与矩形方向一致。

（2）调整 Width（宽度）为 120，并将 Center（中心）的水平坐标向左移。

（3）将 Sweep Intensity（扫光强度）降低为 12。

至此，美食宣传短片的画面布局已全部完成，最后的效果如图 2-12 所示。

图 2-12 添加扫光效果

任务 2.2　时间轴与关键帧应用

任务描述

张俪在一家影视动画公司工作，负责影视作品的后期制作。这次她所在的部门接到一个任务：为某餐厅制作美食广告视频。张俪负责视频的动画效果，她需要设置图层的变换属性，在时间轴设置关键帧，创建图形动画。

知识准备

2.2.1　时间轴

视频合成的大部分工作都是在时间轴窗口中完成的，时间轴窗口在 AE 软件合成窗口下方，它根据功能性划分为两个部分：左侧是图层控制区，用来管理和编辑图层；右侧是时间线区，用来设置图层的时间属性和关键帧，可以管理图层的时间长度、入点出点，改变素材片段的播放速度、设置图层的关键帧。时间轴窗口如图 2-13 所示。

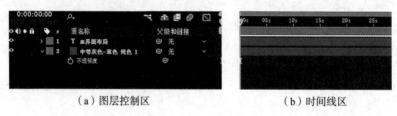

（a）图层控制区　　　　　　　　　（b）时间线区

图 2-13　时间轴窗口

1. 图层控制区

图层控制区包括 3 个主要窗格："图层开关"窗格、"转换控制"窗格、"入点 / 出点 / 持续时间 / 伸缩"窗格。这些窗格中包含很多开关和选项，下面详细介绍各个部分的作用。

（1）时间码：位于时间轴窗口的左上角，它可以精确定位到指定的时间。SMPTE 规定的时间码标准格式是"时：分：秒：帧"。可直接输入时间，如输入 514，显示 5 秒 14 帧；若输入 +10，则表示前移 10 帧。

（2）折叠按钮：位于时间轴窗口的左下角的三个按钮，用来展开 / 折叠"图层开关""转换控制"等窗格。按下 F4 键，可切换"图层开关"和"转换控制"窗格，按下 Shift + F4 组合键可显示或隐藏"父级和链接"列。

（3）图层控制开关：时间轴窗口的左边为图层控制区域，它包括了 14 列，一般情况下只会显示一部分。如需要选择某些隐藏的列，可以在图层控制区域上方的标签栏上右击，在弹出的菜单中选择"列数"后的列名称，如持续时间、开关、键等。图层控制开关如表 2-1 所示。

2. 时间线区

时间线区主要用来设置图层的时间属性和关键帧，可以管理图层的工作区域、时间长度、入点出点，改变素材片段的播放速度、设置图层的关键帧等。它主要由时间导航器、时间标尺、工作区域和当前时间指示器等组成，如图 2-14 所示。

表 2-1　图层控制开关

图标	名　称	使　用　方　法
👁	显示 / 隐藏开关	单击它可以使图层在合成窗口中隐藏，再次单击可以恢复图层的显示
🔊	声音开关	如果是视频 / 音频，单击它可以播放 / 停止播放音频
⬤	独显开关	单击此开关，可以单独显示该图层，其他图层则会被隐藏起来，再次单击可取消独显
🔒	锁定图层	单击它可以将图层进行锁定，让图层无法进行编辑，再次单击它可以解锁
⬜	图层标签	右击图层前面的颜色框，可以修改图层标记的颜色
	模式	设置图层的混合模式，与 Photoshop 的混合模式类似
TrkMat	遮罩选项	此项中可以设置图层的轨道遮罩。以另外一个图层的 Alpha 通道或亮度通道来定义本图层的不透明度信息
⊕	消隐开关	单击此开关会变为 ➖，再次单击，该图层会在图层控制区中被隐藏
✦	质量和采样	用来控制画面质量。呈现直线时，是正常画质；开关变为纹形时，图像呈现锐化效果；开关变为虚线时，画面是模糊的
◎	运动模糊	右击图层后面的运动模糊开关 ◎，可以在图层高速运动时增加模糊效果，使运动画面更加逼真
◑	调整图层	在调整图层添加各种调色效果（只对调整图层下面所有图层产生作用）
⬛	三维开关	可以将图层设置为三维图层，此时图层的位置、旋转和缩放属性都会相应增加 z 轴（纵深轴）的数值
⬍	折叠开关	单击它可以展开时间入点、出点、持续时间和伸缩属性，用于设置图层的入点、出点，调整图层的持续时间和伸缩属性

A—时间导航器；B—时间标尺；C—工作区域；D—当前时间指示器

图 2-14　时间线区

（1）时间导航器。时间导航器可以用来调整时间视图。时间导航器有开始和结束两个滑块，可以通过拖动这两个滑块来缩放时间线区域视图，也可以通过 - 和 = 键，或者按住 Alt 键 + 鼠标滚轮来进行视图的缩放。

（2）时间标尺。用来显示时间单位。单位一般为 s（秒）或者 f（帧）。

（3）工作区域。工作区域同样有开始和结束两个滑块，可以对设定的工作区进行提升工作区域、提取工作区域、将合成修剪至工作区域和通过工作区域创建受保护区域等操作。这些操作可以实现素材切断、链接和合成的修剪等功能。

（4）当前时间指示器。顾名思义，当前时间指示器就是用来指定当前编辑的时间点。可以用鼠标拖动指示器滑块改变它的位置，或者通过快捷键更改当前时间指示器的位置。

2.2.2 关键帧

AE 中通常有三种动画形式：关键帧动画、表达式动画和驱动动画。其中，关键帧动画是应用最广泛、最基本的动画形式。

关键帧可以用于设置动作、效果、音频以及其他属性的参数，这些参数通常随时间变化。关键帧标记为图层属性（如空间位置、不透明度或音量等）指定值的时间点。使用关键帧创建随时间推移的变化时，通常使用至少两个关键帧：一个关键帧对应于变化开始的状态，另一个关键帧对应于变化结束的新状态。关键帧之间可以插补值。

在 AE 的时间轴上，通过时间的维度去纵向拆分视频元素，帧就是视频或动画中最小单位的影像画面，相当于电影胶片上的每一格镜头，在时间轴上表现为一格，而关键帧则是物体运动或变化中关键动作所处的那一帧。在 AE 中可以很方便地创建关键帧动画，只需设置一段动画的起始和结束关键帧即可。两个关键帧之间的过渡帧由软件来自动生成。

1. 设置或添加关键帧

当某个特定属性的秒表处于活动状态时，如果更改属性值，After Effects 将在当前时间自动添加或更改该属性的关键帧。要添加关键帧，可以执行以下任一操作。

（1）选择属性名称旁边的秒表图标来激活它。After Effects 将在当前时间为该属性值创建关键帧。

（2）选择动画→添加 [X] 关键帧命令，其中 [X] 是为其制作动画的属性的名称。

（3）如果想要添加关键帧，但又不想更改属性值，可以选择图层属性关键帧的导航器按钮，或者使用钢笔工具修改图表编辑器中的图层属性图表。

（4）从时间轴窗口菜单中选择"启用自动关键帧"，可以启用自动关键帧模式，此时修改图层的属性，会自动激活其秒表并且在当前时间添加关键帧。

2. 查看或编辑关键帧值

更改关键帧之前，要先确保当前时间指示器位于现有关键帧上。如果在当前时间指示器不位于现有关键帧上时更改属性值，After Effects 会添加一个新的关键帧。将当前时间指示器移至关键帧所在的时间点，可以在此处对其关键帧进行编辑。

（1）右击关键帧，会弹出关键帧上下文菜单，当前帧的属性值会显示在菜单顶部，如需修改，可以在此菜单中选择"编辑值"进行编辑。

（2）在图层条模式中，将鼠标指针置于关键帧上，可查看该关键帧的时间和值。

（3）在图表编辑器模式中，将鼠标指针置于关键帧上，可查看关键帧的图层名称、属性名称、时间和值。

（4）在图层条模式中，按住 Alt 键单击两个关键帧，可在信息面板中显示两者之间的间隔时间。

3. 复制和粘贴关键帧

在 After Effects 中，一次只能从一个图层复制关键帧。将复制的关键帧粘贴到另一个图层中时，这些关键帧将自动显示在目标图层的相应属性中。最早的关键帧会在当前时间显示，而其他关键帧会按照相对应的顺序显示。

在图层的相同属性之间，或使用相同类型数据的不同属性之间，都可以进行关键帧的复制。具体步骤如下。

（1）在时间轴窗口中，显示包含关键帧的图层属性。

（2）选择一个或多个关键帧。

（3）选择"编辑"→"复制"命令，或者使用 Ctrl + C 组合键。

（4）在包含目标图层的时间轴窗口中，将当前时间指示器移动到目标关键帧的时间点。

（5）此时如果需要粘贴到已复制关键帧的相同属性，可以直接选择目标图层；要粘贴到不同属性，则需要选择图层的目标属性。

（6）最后选择"编辑"→"粘贴"命令，或者使用 Ctrl + V 组合键。

4. 关键帧类型

After Effects 中的关键帧通常有以下几种类型。

1）线性关键帧

这种类型的关键帧外观上呈现菱形，是最普通、最常见的关键帧。在两个线性关键帧之间，After Effects 会使用插值计算自动补帧。线性关键帧不具备加减速的特性，物体始终保持匀速运动，看起来不够自然。

例如，要制作一个小球移动的动画，需要给位置属性添加两个线性关键帧。两个关键帧之间会自动进行插值计算，生成过渡帧。小球线性运动轨迹如图 2-15 所示。

图 2-15　小球线性运动轨迹

2）缓动关键帧

缓动关键帧的形状两端粗、中间细，是一种可以设定加速和减速的关键帧，这种类型的关键帧能够使动画变得平滑。选中关键帧后，按 F9 键可以将线性关键帧转换为缓动关键帧。

　　例如上文创建的小球移动动画，如果选中两个关键帧，再按下 F9 键，则关键帧形状会发生变化，如图 2-16 所示。

　　选中两个关键帧，单击图层的图表编辑器按钮，显示小球速度变化的表，如图 2-17 所示。

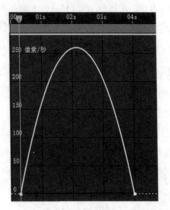

图 2-16　缓动关键帧图标　　　　图 2-17　小球的速度变化

　　此时小球的运动速度不再是一成不变的，而是一开始加速运动，到达最大速度时开始减速运动，也就是有了缓入和缓出的效果，动画效果显得更加自然逼真。

　　3）缓入与缓出关键帧

　　它们是箭头形状的关键帧，与缓动关键帧类似，可以实现动画的一段平滑，包括入点平滑关键帧和出点平滑关键帧。入点关键帧可以按组合键 Shift + F9 实现，出点关键帧则是按组合键 Ctrl + Shift + F9 实现。缓入与缓出关键帧图形如图 2-18 所示。

图 2-18　缓入与缓出关键帧

　　4）平滑关键帧

　　它们是圆形的关键帧，属于平滑类关键帧，可使动画曲线变得平滑可控。这种关键帧一般需要三个以上的关键帧才有作用。仍以小球移动动画为例，将当前时间指示器移动至两个关键帧之间，拖动小球向上移动，就会形成一个新的关键帧。按住 Ctrl 键单击中间的关键帧，就可将其转换为平滑关键帧。

　　5）定格关键帧

　　它们是正方形的关键帧，这种关键帧比较特殊，是硬性变化的关键帧，常用于文字变换动画中。定格关键帧不再有速度曲线，而是让画面在规定时间内出现再消失，一般用于制作闪烁效果。

2.2.3　图层的时间设置

1. 时间重映射

　　时间重映射一般用于慢动作、快动作和反向运动组合，它可以很方便地实现加速、减速、

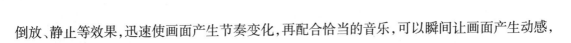

倒放、静止等效果,迅速使画面产生节奏变化,再配合恰当的音乐,可以瞬间让画面产生动感,是一个十分好用的功能。

2. 时间反向

对图层使用时间反向操作后,图层的画面和声音能全部倒放。

3. 时间伸缩

这个命令可以改变视频和动画的播放速度,实现慢动作和快动作的效果。

选中图层后右击,在弹出的菜单中选择"时间"→"时间伸缩"命令。

在弹出的"时间伸缩"对话框中,可以设置伸缩系数或持续时间两种方法,从而改变视频的播放速度。例如,将伸缩系数设为 50% 时,图层的持续时间将变为原来的一半,此时预览视频,播放速度将为原来的两倍。

4. 冻结帧

当需要在一段视频或动画中截取某一幅画面时,就可以使用"冻结帧"命令。

选择需要冻结的画面时间,选中图层后右击,在弹出的菜单中选择"时间"→"冻结帧"命令,即可实现该效果。

> **注　意**
>
> 此命令会将整个视频图层变成静态的画面,所以通常需要将视频素材复制后再使用此命令进行冻结。

任务实施

本任务需要对任务 2.1 中创建的美食短片进行修改,增加移动、缩放和旋转动画,并为动画添加扫光的动态效果。通过这次任务的制作,可以进一步熟悉位置、缩放、不透明度等属性的设置,以及关键帧的编辑。下面介绍制作的详细步骤。

步骤 1　创建缩放动画

打开在任务 2.1 中创建的 AE 项目"美食"短片,另存为"美食短片动态"。

将当前时间指示器置于第 0 秒,选择"美食 1"素材图层,展开变换属性组,选择"缩放"属性名称旁边的秒表图标并激活,创建第一个关键帧,并将"缩放"值调整为 85%,锁定纵横比。

将当前时间指示器置于第 15 帧,将"缩放"值调整为 55%,此步骤会创建第二个关键帧。

在创建缩放动画时,要注意观察合成窗口,始终保持画面中心在合成窗口的中间位置。如果画面有偏移,可以调整"位置"属性值来进行修正。

步骤 2　创建旋转动画

将当前时间指示器置于第 2 秒,选择"美食 2"素材图层,展开变换属性组,选择"缩放"属性和"旋转"属性前的秒表图标并激活,将"缩放"值调整为 80%,锁定纵横比,"旋转"值调整为 −15 度。

将当前时间指示器置于第 2 秒 15 帧,将"缩放"值调整为 55%,"旋转"值调整为 0°。

此步骤可以为"美食2"图片创建一个从大变小同时旋转进入的动画效果，如图2-19所示。

图2-19　旋转进入

步骤3　创建移动动画

将当前时间指示器置于第4秒，选择"美食3"素材图层，展开变换属性组，将"缩放"值调整为76%，锁定纵横比，选择"位置"属性前的秒表图标并激活，调整图片的水平坐标值为450，在此处创建一个关键帧。

将当前时间指示器置于第4秒15帧，调整图片的水平坐标值为960。

此步骤可以为"美食3"图片创建一个从左向右移动进入的动画效果。

步骤4　创建淡入动画

将当前时间指示器置于第6秒，选择"美食4"素材图层，展开变换属性组，将该图层的"缩放"值调整为90%，锁定纵横比，"不透明度"值调整为40%，选择"缩放"属性和"不透明度"属性前的秒表图标并激活，创建两个关键帧。

将当前时间指示器置于第6秒15帧，将该图层的"缩放"值调整为70%，锁定纵横比，"不透明度"值调整为100%。

此步骤可以为"美食4"图片创建一个从大变小的淡入动画效果。

步骤5　创建锚点动画

将当前时间指示器置于第8秒15帧，选择"美食5"素材图层，展开变换属性组，选择"锚点"属性前的秒表图标并激活，在此处创建一个关键帧。

将当前时间指示器转至第8秒，调整图片的"锚点"属性值为（1660，1400）。

此步骤可以为"美食5"图片创建一个从右正方向左上方移动进入的动画效果。

步骤6　创建扫光动画

选择调整图层，展开效果属性面板，在CC Light sweap的设置面板中进行设置，创建动态的扫光效果。

将当前时间指示器置于第0秒，将Center（中心）的水平坐标值调小，使扫光向左移出画面，单击Center属性前的秒表图标，创建一个关键帧。

将当前时间指示器置于第1秒，将Center的水平坐标值调大，使扫光向右移出画面。此步骤可以创建一个从左向右扫光的效果。

采用同样的方法，可以分别在第 2 秒、第 4 秒、第 6 秒和第 8 秒制作从右向左、从上到下等不同角度的扫光效果，如图 2-20 所示。

图 2-20 添加上下扫光效果

至此，美食宣传短片的属性动画已全部制作完成。

任务 2.3 蒙版应用

任务描述

张俪在一家影视动画公司工作，负责影视作品的后期制作。这次她所在的部门接到一个任务：为某餐厅制作美食广告视频。项目团队已经创建了一些图形属性动画，她需要应用蒙版技术对这些动画进行优化和升级，并增加一些与视频主题相关的动画特效。

知识准备

在 AE 中，蒙版（Mask）是用形状工具或者钢笔工具绘制的路径区域，可以分为闭合路径蒙版和开放路径蒙版。创建蒙版前，必须先选取某个图层，因为蒙版并非单独的图层，它依附于某个图层，可以看作图层的特殊属性之一。

蒙版经常用来修改图层形状，或者是提取图层中的特定部分，再对蒙版的部分添加描边效果、绘制矢量图或者调用特效等，有时也可以用蒙版来设置特定对象的运动路径。

2.3.1 蒙版绘制

AE 提供了五种常见的形状工具，包括矩形、圆角矩形、椭圆、多边形和星形工具等，它们可以用来制作一些常用的规则形状的蒙版。除此之外，利用工具栏中的钢笔工具，可以制作不规则形状的蒙版，如对图像的主体进行抠图，或制作一些物体的不规则运动路径等。

在 AE 中，可以为一个图层绘制多个蒙版。当为图层创建了蒙版后，如果需要编辑某个蒙版，可以在工具栏中单击选取工具，然后展开图层的蒙版属性组，在下方单击要编辑的蒙版名，此时在合成窗口中会显示蒙版路径和控制点，双击控制点，会出现控制框，它可以用来对蒙版区域进行调整。

单击蒙版的控制点，会显示方向手柄，拖曳控制点或者方向手柄，可以修改蒙版的形状。拖曳控制框上的点，可以进行蒙版大小的调整。

将鼠标放在控制框外侧，可以对蒙版进行旋转，调整它的角度。

2.3.2 蒙版设置

展开图层蒙版的属性组，可以看到它特有的属性值，如蒙版路径、蒙版羽化、蒙版不透明度等，下面详细介绍一下这些属性值的作用。

1. 蒙版路径

蒙版路径可以用来控制蒙版的形状和位置。一般情况下，可以直接利用蒙版的控制点来调整蒙版路径；或者，可以右击"蒙版路径"属性值，在弹出的菜单中选择"编辑值"，会弹出"蒙版形状"对话框，设置蒙版的顶部、左侧、右侧、底部的位置和蒙版的基本形状，如矩形、椭圆形等。蒙版路径前面有个秒表图标，这意味着可以在这一属性上创建关键帧，从而制作一些蒙版变形的动画效果。

2. 蒙版羽化

在制作蒙版时，一般要避免边缘过于清晰，这样会使画面的过渡比较生硬，因此通常会根据需要适当地设置蒙版边缘的羽化效果。展开蒙版的属性值可以进行蒙版羽化的设置，也可以使用快捷键 F 操作。羽化的参数分为水平和垂直两部分，分别用来控制水平和垂直方向的羽化程度，使蒙版的边缘变得更加柔和。另外，还可使用工具栏上的蒙版羽化工具，实现蒙版局部的任意羽化，这个工具隐藏在钢笔工具组中。

3. 蒙版不透明度

蒙版不透明度类似于图层的不透明度，它仅仅针对蒙版区域。要改变蒙版不透明度，可以直接修改它的数值；或者右击"蒙版不透明度"属性值，在弹出的菜单中选择"编辑值"，在弹出的"蒙版不透明度"对话框中修改数值即可，范围为 0 ~ 100。

4. 蒙版扩展

蒙版扩展的属性值可以用来扩展或收缩蒙版的范围。当它的数值为正数时，蒙版形状向外扩张；数值为负数时，则蒙版形状向内收缩。这个属性经常跟蒙版羽化一起使用，使蒙版的过渡看起来更加自然。

5. 反转

有时，蒙版的形状比较特殊，不方便直接绘制，此时就可以使用蒙版的反转效果来实现。要进行反转，可以直接勾选蒙版名称右边的"反转"选项，或者使用 Ctrl + Shift + I 组合键。勾选此项后，Alpha 通道中的白色变成黑色，黑色变成白色，即不透明变成透明，透明变成不透明。

2.3.3 蒙版的混合模式

在一个图层中可以创建多个蒙版，并且这些蒙版可以使用不同的运算方法产生叠加效果，这称为蒙版的混合模式，默认为相加模式，这种混合模式也是最常用的一种模式。

打开 AE，创建一个合成，导入一张图片，将其添加到合成中，并为图片图层创建两个形状蒙版，蒙版 1 为椭圆形蒙版，蒙版 2 为五角星形蒙版。

1. 相加模式

拖动五角星形蒙版，使其部分覆盖在椭圆形蒙版上面，此时两个蒙版的混合模式都是相加模式，取蒙版 2 与蒙版 1 的并集，也就是说最后的选区包含了蒙版 1 的所有选区，同时也包含了蒙版 2 的所有选区，如图 2-21 所示。

图 2-21　蒙版相加模式

2. 相减模式

相减模式是指对蒙版求补集。以上文所述的两个蒙版为例，如果将蒙版 1 设置为相加模式，蒙版 2 设置为相减模式，最后计算出来的选区是属于蒙版 1 但是不属于蒙版 2 的区域，也就是在蒙版 1 中去掉了蒙版 1 与蒙版 2 相交的部分，如图 2-22 所示。

图 2-22　蒙版相减模式

3. 交集模式

交集模式是指对两个蒙版求交集。仍以上文所述的两个蒙版为例，如设置蒙版 1 为相加模式，蒙版 2 为交集模式，可以看到新的选区是蒙版 1 和蒙版 2 的相交区域，如图 2-23 所示。

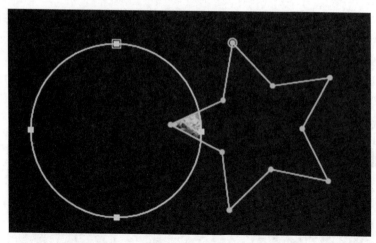

图 2-23　蒙版交集模式

4. 变亮模式

变亮模式与相加模式的作用是一样的，相当于对两个蒙版的选区取并集。不同的是，变亮模式以颜色值进行计算，相加模式以像素位置进行计算，但是两者的最终效果相同。

5. 变暗模式

变暗模式与交集模式的作用是一样的，只是计算方式不同。交集模式是直接取重合区域，变暗模式是将两块蒙版框选出的颜色值和下方的颜色值进行比较，然后取较小的一个颜色值。

6. 差值模式

差值模式相当于用两个蒙版的并集减掉相交的部分。仍以上文所述的两个蒙版为例，设置蒙版 1 为相加模式，蒙版 2 为差值模式，可以看到新的选区是蒙版 1 与蒙版 2 相加后再去掉相交部分，也就是蒙版 1 与蒙版 2 的非共同区域，如图 2-24 所示。

图 2-24　蒙版差值模式

任务实施

本次任务将继续修改和优化任务 2.2 中的美食短片，通过蒙版的应用，为短片制作动态的文字标题，并增加一些动画效果，下面介绍具体的实施步骤。

步骤 1　创建移入合成

打开在任务 2.2 中创建的 AE 项目"美食短片动态"，另存为"美食短片蒙版"。

选择"美食 1"素材图层，按 U 键显示该图层所有的关键帧，单击"缩放"属性旁边的秒表图标，取消激活状态，此步骤可以删除该属性上原有的关键帧。

将当前时间指示器置于第 20 帧，单击"位置"属性旁边的秒表图标并激活，创建一个关键帧。

将当前时间指示器置于第 0 帧，将"美食 1"图片向左移出舞台。

此步骤可以创建图片 1 从左向右移入舞台的效果。

选择"美食 1"素材图层，按下 Ctrl + Shift + C 组合键将其转换为一个预合成，并命名为"左入"，将所有属性移动到新合成。

在项目窗口中，选中"左入"合成，按下 Ctrl + D 组合键复制一份，并命名为"右入"。

双击"右入"合成，进入编辑状态。将当前时间指示器置于第 0 帧，将"美食 1"图片向右移出舞台。

此步骤可以创建图片 1 从右向左移入舞台的效果。

步骤 2　绘制图层蒙版

现在来制作图片分别从左和从右向舞台移入，最后融合成一张图片的效果。

选择"视图"→"显示标尺"命令，然后在舞台正中创建一条辅助参考线。

选择"左入"合成，在工具栏中选择矩形工具，为该图层绘制一个矩形蒙版，覆盖住舞台的左半边，如图 2-25 所示。

美食短片制
作二 . mp4

图 2-25　制作矩形蒙版

选择"右入"合成，为该图层绘制一个矩形蒙版，覆盖住舞台的右半边。

步骤 3　绘制文字蒙版

将当前时间指示器置于第 1 秒，选中"新鲜"文字层，单击"位置"属性旁边的秒表图标，在此处创建一个关键帧。

将当前时间指示器置于第 2 秒，将"新鲜"文字向右移过中线，制作一个从左向右的动画。

　　选择"新鲜"文字图层，按下 Ctrl + Shift + C 组合键将其转换为一个预合成，并将其命名为"文字左 1"，将所有属性移动到新合成。

　　按下 Ctrl + D 组合键，将"文字左 1"图层复制一份，并改名为"文字右 1"，单击该图层前面的独显开关，单独显示这个图层。

　　选择矩形工具，为"文字右 1"图层绘制一个蒙版，覆盖舞台的右半部，如图 2-26 所示。

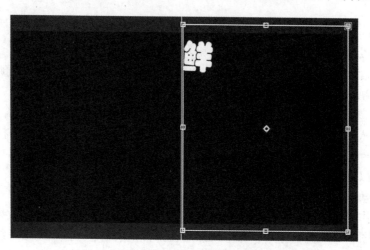

图 2-26　制作文字层蒙版

　　选中"文字右 1"图层，选择"效果"→"生成"→"填充"命令，为此图层添加一个"填充"效果。

　　打开效果属性面板，在"填充"效果的参数中，将颜色设置为浅绿色，也可以用吸管工具在画面中吸取相近的颜色，从而让画面的色调更加协调。

　　通过为右半边的文字添加填充效果，可以使文字在越过中线时会发生颜色变化，让文字动画变得更生动，如图 2-27 所示。

　　使用同样的方法，可以为"美味"文字层添加相似的动画效果。

图 2-27　文字动画效果

任务 2.4 轨道遮罩

任务描述

张俪在一家影视动画公司工作，负责影视作品的后期制作。这次她所在的部门接到一个任务：为某餐厅制作美食广告视频。项目团队已经完成了大部分视频的编辑制作，现在她需要应用遮罩和文字图层，为视频的片头增加一个动态的文字 LOGO。

知识准备

在 AE 中，遮罩（Matte）即遮挡、遮盖，其用处是遮挡部分图像内容，并显示特定区域的图像内容，相当于一个窗口。与蒙版不同，遮罩是作为一个单独的图层存在的，并且通常是上层对下层遮挡的关系。

为了实现某些图层相互作用后的视觉效果，可以为图层设置轨道遮罩（Track Matte）。轨道遮罩可以是静止图像、视频、图形、文本或形状。例如，为使视频仅通过由文本字符定义的形状显示，可使用文本图层作为视频图层的轨道遮罩。底层图层将从轨道遮罩图层中某些通道的值（Alpha 通道或像素的明亮度）获取不透明度值。

默认情况下，轨道遮罩是被隐藏的，单击时间轴窗口左下角的"切换开关/模式"，在图层右边会显示 TrkMat 列表项，下面就是轨道遮罩了。

在 AE 中，遮罩可以分为 Alpha 遮罩和亮度遮罩，下面详细介绍常用的轨道遮罩的原理。

2.4.1 Alpha 遮罩

Alpha 遮罩读取的是遮罩图层的不透明度信息。使用 Alpha 遮罩之后，遮罩的透显程度受到自身不透明度的影响，但是不受亮度等因素的影响。遮罩图层不透明度越高，显示的内容越清晰。

Alpha 反转遮罩则与之相反，遮罩图层不透明度越低，显示的内容越清晰。

在图片上方新建一个深灰色的纯色图层，将其命名为 MASK。将该纯色图层的高度缩小至图片的 1/3。单击图片右边的 TrkMat 列表项，选择"Alpha 遮罩 MASK"，将 MASK 图层设置为下方图片的遮罩图层，效果如图 2-28 所示。

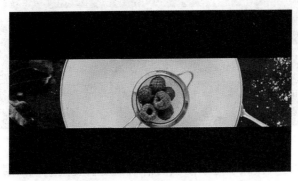

图 2-28 Alpha 遮罩效果

将 MASK（遮罩图层）的不透明度调低至 50%，可以看到画面的清晰度明显降低，如图 2-29 所示。

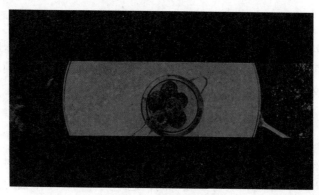

图 2-29　半透明遮罩

在遮罩图层不透明度数值不变的情况下修改遮罩图层的亮度信息，显示图片的清晰度没有发生变化。

2.4.2　亮度遮罩

与 Alpha 遮罩不同，亮度遮罩获取遮罩图层的亮度信息，并对下方图层产生影响。遮罩图层图像的白色部分亮度最高，图片最清晰。黑色部分的亮度最低，图片清晰度也低，甚至完全不显示。灰色部分亮度为中间值，清晰度为原图的一半，介于两者之间。也就是说，遮罩图层亮度值越大，显示的图片越亮越清晰，反之越暗，亮度与显示效果成正比关系。

对前文中的遮罩进行修改，在图片层的右方选择"亮度遮罩 MASK"，由于纯色图层为深灰色，其亮度较低，所以遮罩清晰度也相应降低。

选中 MASK 图层，选择"效果"→"生成"→"填充"命令，为该图层添加一个"曲线"效果，在遮罩图层不透明度数值不变的情况下，增加图层的亮度值，显示的图像清晰度也随之增强，如图 2-30 所示。

图 2-30　调色效果

也就是说，亮度遮罩模式下遮罩图层的清晰程度会受到遮罩图层的不透明度的影响，不透明度数值越高，显示图像越清晰。

任务实施

在本次任务中，将为任务 2.3 中创建的美食短片蒙版添加 LOGO，并通过轨道遮罩为其制作颜色渐变和动画效果。下面介绍具体的实施步骤。

步骤 1 创建 LOGO 合成

打开在任务 2.3 中创建的 AE 项目"美食短片蒙版"，将其另存为"美食短片 + LOGO"。

在项目窗口中，右击"美食"合成，在弹出的菜单中选择"合成设置"命令，打开"合成设置"面板，将持续时间改成 12 秒。

新建合成，命名为 LOGO，预设选择 HDTV 1080 25，尺寸设置保持默认的 1920 像素 × 1080 像素，持续时间为 3 秒。

在项目窗口空白处双击，导入本书配套资源文件夹 2-4 中的图片"美食 6"，将其放入 LOGO 合成，并命名为 mask。

步骤 2 创建 LOGO 文字

选择文本工具，在合成窗口中输入文字：快乐享受美食。字符大小为 230，字体选择"楷体"，将此文字层命名为"文字 LOGO"，并将文字置于图片上方。

将当前时间指示器置于第 0 秒，选中"文字 LOGO"文字层，单击缩放属性旁边的秒表图标，在此创建一个关键帧，将缩放值设置为 4000%。

将当前时间指示器置于第 20 帧，选中"文字 LOGO"文字层，将缩放值设置为 100%，制作一个文字从大变小的效果。

在效果和预设面板中，选择"动画预设"→ Text → 3D Text →"3D 从摄像机后下飞"命令，为文字创建一个 3D 飞入效果，如图 2-31 所示。

图 2-31 文字 3D 飞入效果

将当前时间指示器置于第 2 秒，单击不透明度属性旁边的秒表图标，在此创建一个关键帧。再将当前时间指示器置于第 2 秒第 10 帧，将不透明度属性值调整为 0，制作文字淡出的效果。

步骤 3 制作遮罩效果

单击 mask 图片层右边的 TrkMat 列表项，选择"Alpha 遮罩文字 LOGO"，将文字图层设置为下方图片的遮罩图层，效果如图 2-32 所示。

图 2-32　制作渐变文字

因为文字层有从大变小的动画效果，所以图片层的缩放值也应该随之而变化。

将当前时间指示器置于第 0 秒，选中 mask 图层，单击缩放属性旁边的秒表图标，在此创建一个关键帧，将缩放值设置为 4000%，再将当前时间指示器置于第 20 帧，将缩放值设置为 100%，制作一个与 LOGO 文字同步缩放的动画。

步骤 4　制作综合效果

打开"美食"合成，选中所有图层，将它们的时间轴往后移 2 秒。将 LOGO 合成放入，并放在所有图层的上方。选择背景层，按下 Ctrl + Shift + Y 组合键打开图层设置面板，将背景颜色改为蓝灰色。至此，美食视频加文字 LOGO 的效果全部制作完成。

☑ 拓展任务

任务要求

使用任务 2.3 讲解的知识建立不同类型的图层并调整画面效果，创建关键帧动画，制作"水墨动画片头动画"案例效果。

水墨动画
片头动画.mp4

实训步骤

步骤 1　导入素材

新建 AE 项目"中国风水墨动画"，在项目窗口中双击，分别导入"birds"序列图以及"挂角 .png""snow.mov""近山 .png""远山 .png"等素材文件。

单击项目窗口下方的新建合成按钮，在弹出的合成设置窗口中将合成改为"总合成"，尺寸设置宽度为 1920 像素、高度为 1080 像素，持续时间为 8 秒。

步骤 2　图层设置

在时间轴窗口的空白处右击，新建一个纯色图层，颜色设置为浅蓝色，如图 2-33 所示。

将素材"远山 .png"拖至合成中，按 S 键展开缩放属性，将缩放值设置为 70%，并将远山的位置放到左边；将素材"近山 .png"拖至合成中，并将其放到左下角；将素材"挂角 .png"拖至合成中，按 S 键展开缩放属性，将缩放值设置为 60%，并将其放到右上角，如图 2-34 所示。

将视频文件 birds 序列图放入合成中，将 birds 素材层的时间轴往后拖，让飞鸟从第 1 秒开始出现。将 snow 素材层的图层模式设置为屏幕，去除黑色背景，只保留白色的雪粒。

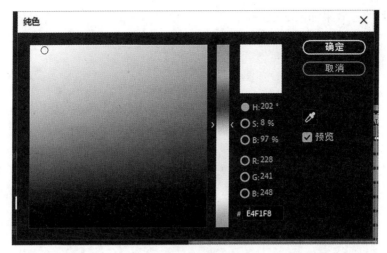

图 2-33 纯色图层设置

图 2-34 设置"挂角"动画

步骤 3 创建文本

建立文本图层,命名为"标题",输入竖排文字"冬至",字号为 150,字体为"华文行楷",颜色为深蓝色,并将其放到画面的中间。

建立文本图层,命名为"诗句",输入竖排文字"立冬犹十日,衣亦未装绵",字号为 44,字体为"华文楷体",颜色为深蓝色。

步骤 4 制作印章

在很多水墨风格的视频或动画中,都会出现印章元素,下面用圆角矩形工具和文本工具来绘制一个印章效果。

在工具栏上选择圆角矩形工具,取消描边,填充选择红色,在标题文字的左下角绘制一个红色的圆角矩形。

在圆角矩形上方,输入文字"吉祥如意"。文字颜色设置为白色,大小保持在红色矩形之内就可以了。

同时选中圆角矩形图层和文字,按下 Ctrl + Shift + C 组合键将它们转换成预合成,将其命名为"印章"，效果如图 2-35 所示。

图 2-35 制作印章

步骤 5 淡入动画制作

同时选中冬至、诗句和印章图层，将当前时间指示器置于第 1 秒，按 T 键展开图层的不透明度属性，单击前面的码表，同时为这三个图层创建关键帧，并将不透明度值改为 0。

将当前时间指示器置于第 3 秒，将三个图层的不透明度值改为 100%。这样就为三个图层制作了淡入的动画效果。

再将立冬图层和印章图层分别往后移 1 秒和 2 秒，让三个图层依次出现。

步骤 6 旋转动画制作

单击"挂角"图层，将锚点移至花杆的根部。按 R 键展开图层的旋转属性，将当前时间指示器置于第 0 秒，单击旋转属性前的码表，添加关键帧。再将当前时间指示器置于第 4 秒，将旋转值改为 9°；将当前时间指示器置于第 8 秒，重新将旋转值改为 0。此步骤可以制作花枝的旋转动画。

至此，整个水墨动画制作完毕，按下空格键即可预览。

能力自测

一、选择题

1. 以下（　　）不属于 After Effects 的图层类型。
   A. 文本图层　　　　B. 纯色图层　　　　　　C. 形状图层　　　　　　　　D. 蒙版图层
2. 图层的变换组属性不包括（　　）。
   A. 锚点　　　　　　B. 位置　　　　　　　　C. 缩放　　　　　　　　　　D. 持续时间
3. 如果要将图片进行垂直翻转，可以进行（　　）操作。
   A. 取消位置的"约束比例"锁链标志，在 y 轴数值前方加 - 号
   B. 取消缩放的"约束比例"锁链标志，在 x 轴数值前方加 - 号
   C. 取消缩放的"约束比例"锁链标志，在 y 轴数值前方加 - 号
   D. 取消位置的"约束比例"锁链标志，在 x 轴数值前方加 - 号

4. （　　）操作不可以在"时间轴"窗口中进行。

    A. 管理图层的时间长度　　　　　　　　B. 设置关键帧

    C. 设置图层的出点　　　　　　　　　　D. 导入素材

5. 工作区域有开始和结束两个滑块，可以对设定的工作区进行（　　）操作。

    A. 提取工作区域，将合成修剪至工作区域

    B. 提取工作区域，对时间进行伸缩

    C. 对时间进行伸缩，将合成修剪至工作区域

    D. 通过工作区域创建受保护区域，冻结帧

6. 要在图层的相同属性之间进行关键帧的复制，以下（　　）操作是正确的。

    A. 选择一个或多个关键帧，选择"编辑"→"复制"命令，再选择图层的目标属性进行粘贴

    B. 选择一个或多个关键帧，按下 Ctrl + V 组合键，再选择图层的目标属性进行粘贴

    C. 选择一个或多个关键帧，直接拖曳到图层的目标属性上

    D. 选择一个或多个关键帧，选择"动画"→"关键帧辅助"命令，再选择图层的目标属性进行粘贴

7. 对蒙版的作用，描述错误的是（　　）。

    A. 通过蒙版，可以对指定的区域进行屏蔽

    B. 某些效果需要根据蒙版发生作用

    C. 产生屏蔽的蒙版必须是封闭的

    D. 应用于效果的蒙版必须是封闭的

8. 关于图层的父子关系，以下（　　）是错误的。

    A. 父对象影响子对象的运动

    B. 子对象不影响父对象的运动

    C. 目标图层可以同时成为父对象和子对象

    D. 目标甲可以同时成为目标乙的父对象和子对象

9. （　　）模式相当于用两个蒙版的并集，减掉相交的部分。

    A. 相加模式　　　　B. 相减模式　　　　　　C. 交集模式　　　　　　　D. 差值模式

10. Alpha 遮罩和亮度遮罩的区别是（　　）。

    A. Alpha 遮罩读取的是遮罩图层的不透明度信息，亮度遮罩获取的是遮罩图层的亮度信息

    B. 使用 Alpha 遮罩之后，遮罩的清晰度受到自身亮度的影响，而使用亮度遮罩则受不透明度等因素的影响

    C. 使用 Alpha 遮罩，遮罩图层不透明度越低，显示的内容越清晰，而使用亮度遮罩则相反

    D. 使用 Alpha 遮罩，遮罩图层亮度越低，显示的内容越清晰，而使用亮度遮罩则相反

二、填空题

1. AE 中通常有三种动画形式：＿＿＿＿＿＿、＿＿＿＿＿＿和＿＿＿＿＿＿。

2. 外观上呈现菱形的＿＿＿＿＿＿，是最普通、最常见的关键帧。

3. 时间重映射一般用于慢动作、快动作和反向运动组合，它可以很方便地实现＿＿＿＿＿＿、

————、————、————等效果，迅速使画面产生节奏变化。

4. 在 AE 中，蒙版是用形状工具或者钢笔工具绘制的路径区域，可以分为————路径蒙版和————路径蒙版。

5. 要调整蒙版的形状，可以修改蒙版的—————。蒙版扩展可以用来—————。

三、操作题

请运用本单元所学的知识，制作一个具有中国水墨风格的城市宣传视频，可选取 10 个具有代表性的城市，以及每个城市标志性建筑的图片，并制作宣传标语和动画效果。视频时长为 10~15 秒，尺寸设置宽度为 1920 像素、高度为 1080 像素。

单元3

文 字 动 画

单元引言

在视频和动画作品中，文字是一项不可或缺的元素，它们不仅用于标题、字幕信息，还时常被视觉设计师作为一种重要的辅助元素。在利用 After Effects 制作视频过程中，文字动画的创建与设计往往是核心环节之一。

目前，文字动画被广泛应用于各种视频片头、宣传片、广告和网页动画中。在 AE 中，可以通过预设效果、文字动画制作工具和各类插件，轻松快捷地打造出精彩巧妙的文字动画效果。

本单元将详细学习文字动画的制作方法，包括应用文字预设动画、应用动画制作工具，以及路径文字动画。

学习目标

知识目标

- 掌握文本图层的创建和设置方法。
- 掌握文字预设动画的应用方法。
- 熟悉文字动画制作工具的应用。

能力目标

- 通过讲述文字动画的制作方法和技巧，全面提高实践技能、审美和创新能力。
- 应用文字动画工具制作常见的文字动画。

素养目标

- 在教材案例中融入对中国美景和传统文化的介绍，引导学生热爱中华优秀文化，培养爱国情怀。

• 提升职业素养，培养"敬业、精益专注、创新"的工匠精神。

项目重难点

项目内容	工作任务	建议学时	重 难 点	重要程度
制作文字动画	任务 3.1 文本格式设置	2	了解文本格式的设置方法	★★★☆☆
	任务 3.2 创建文本预设动画	2	了解文字预设动画的应用方法	★★★★☆
	任务 3.3 动画制作工具应用	4	掌握文字动画制作工具的设置	★★★★★
	任务 3.4 路径文本动画	2	掌握路径文字动画的应用	★★★☆☆

任务 3.1　文本格式设置

任务描述

肖宇在一家影视动画公司工作，负责影视作品的后期制作。她所在的部门接到一个任务：以"丝绸之路"为主题制作一段旅游宣传片。肖宇负责制作视频片头文字效果。她打算对文字进行格式设置后，再应用形状遮罩配合文字，制作一些动画特效。

知识准备

制作文字动画首先需要创建文本图层。可以单击图层菜单，或者在时间轴窗口空白处右击，选择"新建"→"文本"命令，创建一个空的文本图层。此时，合成窗口处于文本的编辑状态，可以输入文本内容。另外，在工具栏中单击横排或竖排文本工具，再到合成窗口中单击一下，可以迅速在此处创建一个新的文本对象，同时也就创建了一个新的文本图层。

创建一个文本对象后，可以通过字符面板进行文字格式设置。一般情况下，这个面板默认为打开状态，显示在合成窗口的右边；如果没有显示，可以在窗口菜单下找到它，单击后即可打开。在字符面板中，可以设置文字的字体、大小、颜色等属性值。

1. 字体

字体是具有相同粗细、宽度和样式的一整套字符，包括字母、数字和符号。除了安装在操作系统的标准字体以外，还可以安装其他的字体。

值得注意的是，如果在之前创建的项目中使用了一些非标准字体，而当前的计算机系统上却没有这些字体，将会使用其他字体代替，缺失的字体名称将出现在括号中。例如，当在 macOS 系统中打开在 Windows 系统中创建的项目时，往往将发生字体替换，因为这两个操作系统之间的默认字体集有所不同。

在选择字体时，可以独立地选择字体系列及其字体样式。字体系列（或字样）是共享整体设计的字体集合，而字体样式则是字体系列中单个字体的变种版本，例如粗体（**T**）、斜体（*T*）、上标（T¹）、下标（T₁）等，而且可用字体样式的范围会随着每种字体的不同而变化。如果计算机上安装了同一字体的多个副本，则字体名称后面会有一个缩写，如（T1）表示 Type 1 字体，（TT）表示 TrueType 字体，（OT）表示 OpenType 字体，如图 3-1 所示。

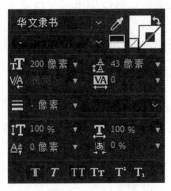

图 3-1　字符面板

有时为了更快捷地设置文本格式，可以收藏经常使用的字体，在字体旁边的星形图标上单击即可。要想仅显示收藏的字体，可以单击字体菜单顶部的星形图标。

2. 字体大小

在字符面板中为"大小"选项框中输入或选择一个新值，就可以设置文字在图层中显示的大小。在 After Effects 中，字体的度量单位是像素。当文本图层的缩放值为 100% 时，其像素值与合成像素值一对一地匹配。如果将文本图层缩放到 200%，字体显示为双倍大小，例如，图层中 10 像素的字体大小在合成中看起来是 20 像素。由于 After Effects 会连续地栅格化文本，所以在增加缩放值时，分辨率仍然较高。

3. 字符间距和行距

字符间距选项可以增加或减少特定字符之间的间距，默认值为 0。

字符间距调整是在一组字母中创建相等间距的过程，增加间距值会将字符分开，缩小间距则会将字符更靠近一些。

字符间距调整和手动字偶间距调整具有累积性，因此，可以先调整个别字母对，然后收紧或放宽文本块，这样不影响字母对的相对字偶间距。

如果需要将一组字符作为一个整体来设置动画，可以将字符间距设置为无间断的。可以选择要防止断开的字符组，从字符面板菜单中选择"无间断"即可。

4. 行距

行距是文本行之间的间距，当文字内容较多，有多行文字时，就需要设置文本行距。在字符面板中，执行下列操作之一可以设置选中的文字段的行距。

（1）从"行距"下拉菜单中选择所需的行距。

（2）选择现有行距值，或者单击行距框输入新值。

（3）按住鼠标左键，在行距值上左右拖动。

5.设置文本填充

在 After Effects 中输入文本时，可以通过字符面板的填充颜色控件和描边颜色控件设置颜色。在输入文本之后，也可以通过这两个控件来更改其填充和描边颜色。在填充颜色控件的左边有一个拾色器，单击它的吸管按钮，可以在屏幕上的任意位置单击以便对颜色采样。

填充和描边的其他常规操作如下。

（1）单击填充颜色或描边颜色控件，可以将它前置。

（2）要想交换填充和描边的颜色，可以单击"交换填充和描边"按钮。

（3）要想移除填充或描边，可以单击"没有填充颜色"按钮或"没有描边颜色"按钮。这两个按钮中只有一个按钮可以使用，具体取决于是填充颜色框置前还是描边颜色框置前。

（4）要将填充或描边颜色设置为黑色或白色,请单击"设置为黑色"或"设置为白色"按钮。

6.设置文本描边

文本输入后，默认是无描边的。如果在"描边颜色"控件中间有一条红色斜线，就表示此时文字是没有描边颜色的。那么怎样给文字加上描边呢？同样要在文字属性面板中进行操作。

（1）选择要添加描边的文字对象，单击"描边颜色"控件，控件会被激活，再次单击，会弹出"文本颜色"设置对话框，可用来设置描边颜色。

（2）在"字符"面板中的"设置描边宽度"属性输入描边大小。

（3）在"设置描边宽度"属性的右边,可以选择描边的位置,如"在搭边上填充"或"在填充上描边"等。

（4）设置描边的两个线段相交时描边的形状。可以使用"字符"面板菜单中的"线段连接"选项，来设置文本描边的线段连接类型，包括圆角、尖角和斜角等三种类型。

 任务实施

本任务将通过文字层、遮罩动画和形状图层的移动、变形，来为一个旅游宣传片制作片头效果，下面介绍具体的操作步骤。

旅游宣传片
制作.mp4

步骤1　建立合成

（1）建立工程项目，命名为"旅游宣传"。

（2）单击项目下方的"新建合成"按钮，建立一个合成，命名为"美丽中国"，预设选择 HDTV 1080 25，保持尺寸 1920 像素 ×1080 像素，持续时间设置为 10 秒。

（3）选择本书配套资源文件夹 3-1 中的图片"丝绸风光"，将其放入"美丽中国"合成，并将此图层的名称修改为"背景"。在此图层上右击,在弹出的菜单中,选择"变换"→"适合复合"命令，让图片与合成大小迅速匹配。

> **注　意**
>
> 在进行这一操作时，要尽量选择与合成的比例相一致的图片素材，否则有可能会产生图像的变形。如果比例不一致，可以单独选择"适合复合高度"或者"适合复合宽度"命令。

（4）选择背景图层，为其添加一个快速方框模糊效果，并将模糊半径属性值设为30。

步骤 2 创建文本

（1）选择横排文本工具，输入一行文字：游丝绸之路。然后，将此文本图层命名为 T1。

（2）打开字符面板，将文字的颜色设置为白色，大小为 200 像素，字体选择"华文隶书"，字符间距设置为 50。

（3）打开对齐面板，将文字的水平和垂直对齐方式都设置为居中，让文字位于舞台的中央。

（4）选择 T1 文本图层，按下 Ctrl + Shift + C 组合键将其转换成一个预合成，并命名为 T1。

（5）在项目窗口中，选择合成 T1，按下 Ctrl + D 组合键复制一份，改名为 T2。

这里不是在时间轴窗口的图层控制区直接进行图层复制，因为需要对复制后的图层内容进行修改，为了不影响到源图层，必须要在项目窗口复制出一个合成后，再进行修改图层，这样修改的图层不会影响其源图层。

（6）双击 T2 合成，进入该合成的编辑状态。选择 T1 文本图层，将图层名称改为 T2，文本内容改为品美丽中国。注意在修改文字内容时，不要改变文字的位置和大小。

步骤 3 添加"形状"动画

下面制作一个线条动画。

（1）在项目窗口中双击"美丽中国"合成，进入编辑状态。

（2）在 T1 图层上方，绘制一个矩形，填颜色为白色，取消描边。这个矩形要作为文字的遮罩，因此设置它的宽度时，一定要能覆盖住文字内容，然后将该矩形图层命名为 Line。

（3）展开矩形的"内容"→"矩形 1"属性组，取消大小的纵横比链接，将高度设置约为文字高度的一半，这里设置为 5。

（4）单击工具栏上的向后平移（锚点）工具，将锚点移到矩形的左端。这一步骤可以修改形状变形的起始位置，所以一定要根据变形的方向来设置锚点位置。

（5）将当前时间指示器转至第 1 秒，将 Line 缩放属性的纵横比链接取消，并在缩放属性前的秒表图标上单击，建立一个关键帧。

（6）将当前时间指示器转至第 0 秒，将 Line 的水平缩放值设置为 0。此步骤可以制作一个向右延伸的线条动画效果。

（7）展开 Line 图层的缩放属性，选中所有的关键帧，按 F9 键将其转换为缓动关键帧。这一步骤可以让线条运动速度有变化，使动画效果更加生动有趣。

步骤 4 制作父子动画

（1）为了让形状动画和遮罩动画更加一致，可以设置图层的父子关系，把线条图层设置为父级，而矩形遮罩图层设置为子级。

（2）将当前时间指示器保持在第 1 秒，选择 Line 图层，按 Ctrl + Shift + D 将图层进行切割。将切割后的上方图层改名为"上线"。单击该图层缩放属性前的秒表图标，将原有的关键帧删除。

（3）为"上线"图层制作一个旋转变形动画。先将"上线"图层的锚点移动到右端。单击该图层旋转属性和缩放属性前的秒表图标，创建两个关键帧。将当前时间指示器转至第 3 秒，将旋转值设置为 +90°，水平缩放值调整为 10%。这样就制作出了一个在旋转的同时又逐渐缩小的线条动画。

（4）将"上线"图层复制一份，命名为"下线"，将第 3 秒处的旋转值设置为 -90°。绘制一个矩形，命名为"MASK 上"，使其大小要覆盖住文字的上半部分，如图 3-2 所示。

图 3-2　制作文字遮罩和线条

（5）将"MASK 上"图层的父级关联器连接到"上线"图层，这样矩形就会跟随线条运动。将"MASK 上"图层复制一份，改名为"MASK 下"，移动到文字的下半部分。将"MASK 下"图层的父级关联器连接到"下线"图层。

（6）两个父子动画就制作完毕了，效果如图 3-3 所示。

图 3-3　父子动画效果

步骤 5　制作遮罩动画

（1）将 T1 文本图层复制一份，并移动到"MASK 上"图层的上方，改名为 T01。将"MASK 上"图层的轨道遮罩设置为"Alpha 遮罩 T01"。

（2）将 T1 文本图层复制一份，并移动到"MASK 下"图层的上方，改名为 T02。将"MASK 下"图层的轨道遮罩设置为"Alpha 遮罩 T02"。

（3）为 T1 文本图层添加一个填充特效，并将填充色设置为红色。此步骤可以让将文字随形状的移动产生颜色变化，如图 3-4 所示。

图 3-4　最终效果

任务 3.2　创建文本预设动画

任务描述

肖宇在一家影视动画公司工作，负责影视作品的后期制作。她所在的部门接到一个任务：以"丝绸之路"为主题制作一段旅游宣传片。她需要制作视频片头的文字，并利用 AE 自带的预设动画来制作文字的动画效果。

知识准备

3.2.1　动画创建

AE 软件自带多种文本预设动画，创建文本内容后，可以为其添加这些预设的文本预设动画。选中文字对象，在效果和预设面板中，选择"动画预设"→Text 选项，可以看到这些预设动画。

文本动画预设默认在 NTSC DV 720×480 的合成中创建，如果所选择的文本对象尺寸较大，所创建的动画位置值有可能不适合于 720×480 的合成，或者本应在帧外部开始的动画，有可能在帧内部就开始了。如果文本没有放置在预期位置或者文本意外消失，可以在时间轴窗口或合成窗口中，调整文本动画制作器的位置。

由于 AE 自带了几百种文本预设效果，如果在使用时把效果拖至文本上进行效果预览，再通过比对挑选出合适的效果，那么操作起来就比较烦琐。要想比较直观地预览所有预设效果，可以借助 Adobe Bridge 这款软件，它可以在 Adobe 的官方网站上免费下载，并且与 AE 安装在同一目录中。

如果已经安装了 Adobe Bridge 软件，单击效果和预设旁边的汉堡图标（三横杠形状），选择"浏览预设"，就会出现 Bridge 浏览界面，选择需要浏览的效果，就可以快速地预览播放。

窗口切换至 AE,选中动画预设后,可将效果拖至文本上,在选中文本图层后按下 U 键,显示已经创建的关键帧。同时,在文本层下方会显示范围选择器,修改参数可以调整动画效果,或者拖动关键帧,调节文字特效的时间点。

下面我们介绍几种常用的预设动画效果。

3.2.2 打字机效果

使用这种效果,可以快速地将文字逐个显示出来,就类似用打字机把文本一个个地敲击出来那样。

展开动画预设和 Text,在 Animate In 下面选择打字机效果,添加到文本图层,单击空格键即可预览打字机效果,如图 3-5 所示。

图 3-5　打字机效果

按下 U 键打开显示关键帧,可以看到打字效果的时间起点和终点。拖动关键帧,调整两个关键帧之间的距离,可以改变打字速度。

3.2.3 子弹头列车效果

使用这种效果,可以将文字先逐个动态模糊,再逐个显示出来。

展开动画预设和 Text,在 Blurs 下面选择子弹头列车效果,添加到文本层,单击空格键即可预览效果,参数调整跟打字机效果类似,效果如图 3-6 所示。

图 3-6　子弹头列车效果

3.2.4 蒸发效果

使用该效果,可以将文字先逐个模糊放大,然后消失。

展开动画预设和 Text，在 Blurs 下面选择蒸发效果，添加到文本层，单击空格键即可预览效果，参数调整也跟打字机效果类似，效果如图 3-7 所示。

图 3-7　蒸发效果

任务实施

本次任务将对任务 3.1 中制作的文字片头进行修改，增加一些文本预设动画，使片头动画效果更加丰富。

步骤 1　编辑合成

（1）打开上一节创建的工程项目"旅游宣传"，将其另存为"旅游宣传动画"。

（2）在项目窗口中，双击"美丽中国"合成，进入编辑状态。

（3）将当前时间指示器转至第 4 秒，选中 T1 图层，按下 Alt +] 组合键，将图层的出点设置为当前时间。

（4）选中 T2 图层，按下 Alt + [组合键，将图层的入点设置为当前时间。

注　意

前一图层的结束时间点要跟后一图层的入点一致，这样两个图层就刚好前后衔接。

步骤 2　添加形状动画

下面来制作一个线条动画。

（1）将当前时间指示器转至第 3 秒 10 帧，选中"上线"图层，按下 Ctrl + Shift + D 组合键进行切割，并将上方的图层改名为"竖线"。按 U 键显示关键帧，选中所有关键帧，按 Delete 键进行删除。

（2）将竖线的锚点移动到下端，取消纵横比链接图标，将其水平缩放值调整到原来的两倍，这样新建的竖线刚好可以覆盖住原来的上线和下线。

（3）将当前时间指示器转至第 4 秒，将竖线向右移动一段距离。

（4）将当前时间指示器转至第 5 秒 10 帧，将竖线向左移动到合成画面的最左端。这样就制作了一段竖线左右移动的动画效果。也可以改变竖线移动的方向，但一定要注意锚点位置也要进行对应的设置，这样才能使动画变得更加协调。

（5）最后，选中竖线图层的所有关键帧，按 F9 键，将它们转换为缓冲关键帧，使竖线的运动有缓入和缓出效果。

步骤 3　制作父子动画

（1）在 T2 图层上方，绘制一个矩形，填充色为白色，取消描边，大小要能覆盖住 T2 文字内容。将该矩形图层命名为 maskT2，并将该矩形移到竖线的右边，如图 3-8 所示。

图 3-8　制作文字遮罩动画

（2）将 maskT2 图层的父级关联器连接到竖线图层，这样矩形就会跟随线条运动。

（3）将 maskT2 图层移动到 T2 文本层下方，并将该图层的轨道遮罩设置为"Alpha 遮罩 T2"。这样就可以让 T2 的文字随着矩形的移动而展现出来。

这里运用了父子关系动画，使竖线和遮罩的动画同步，这个技巧在制作此类同步效果时会经常用到，需要熟练掌握。

步骤 4　制作预设动画

（1）将当前时间指示器转至第 4 秒，选中 T2 文本层，在效果和预设面板中，选择"动画预设"→ Text → Animate Out（出场动画）→"伸缩每个单词"，此预设可以为文字添加一个向左移动并逐字缩小消失的效果。在这个 Animate Out 中还有很多出场动画效果，如"按字符向右滑出""按单词向右滑出""旋转出每行"等。这里也可以尝试选择其他的效果，看看与本项目是否能够匹配。

（2）为了修改预设动画的默认效果，接下来对它的关键帧进行修改。选中 T2 文字图层，按 U 键显示关键帧，可以看到在图层的第 6 帧和第 8 秒 15 帧，有两个新的关键帧，这就是选择动画预设后创建的。此时可以调整两个关键帧的间距来改变动画的速度。

（3）这两个关键帧是建立在图层范围选择器的偏移属性上的，也可以改变属性值来修改动画的效果。至此，文字的动画效果制作完毕。

任务 3.3　动画制作工具应用

任务描述

肖宇在一家影视动画公司工作，负责影视作品的后期制作。她所在的部门接到一个任务——以"丝绸之路"为主题制作一段旅游宣传片。她负责制作视频片尾的文字。她需要使用文字动画制作工具，在视频的片尾创造文字动画效果。

知识准备

3.3.1　文本动画属性

在 AE 中，文本图层有自己专属的动画系统，可以通过添加多种动画效果来设计丰富多彩的视觉呈现。展开文本图层，在"文本"属性右边有一个名称为"动画"的选项，单

击 ▶ 按钮展开动画选项组，可以看到文本图层自带的一些动画特效，如启用逐字 3D 化、位置、不透明度、字符位移等。利用这些效果，可以轻松快捷地制作文字动画。

文本动画属性的主要参数作用如下。

1. 启用逐字 3D 化

将字符的三维属性开启后，文字就会拥有三维的特征，如增加 z 轴坐标、投影效果、金属质感等。

2. 基本动画

1）锚点

在制作文字动画时，可以通过改变字符锚点的位置，可控制字符的移动或变形。

2）位置

通过改变文字的位置坐标，制作字符的位移动画。

3）缩放

通过改变文字的缩放参数，制作字符的缩放动画。

4）倾斜

通过改变文字的倾斜度，制作字符的变形动画。

5）旋转

通过改变文字的旋转度，制作字符的旋转动画。

6）不透明度

通过改变文字的不透明度，制作字符的淡入、淡出或打字动画。

7）全部变形属性

同时添加以上所有动画属性。

3. 文字格式动画

1）填充颜色

通过改变文字的填充颜色如色相、饱和度、明度、不透明度，可以制作文字的变色效果或淡入淡出效果。

2）描边颜色

如果文字有描边，可通过改变文字的描边颜色，如色相、饱和度、明度、不透明度制作文字描边的变色效果。

3）描边宽度

如果文字有描边，可用于制作文字的描边宽度动画。

4）字符间距

当文字内容包含多个字符时，可以通过字符间距的变化制作文字的水平拉伸动画。

5）行锚点

用来搭配行距或者字符间距的变化，制作文字水平或垂直的拉伸动画。

6）行距

当文字内容包含多行时，通过改变文字的行距值，制作文字水平或垂直的拉伸动画。

4. 字符偏移动画

1）字符位移

通过改变文字的字符位移来制作动画。

2）字符值

将文字的内容统一改成字母和符号，可以制作文字内容发生变化的动画。

5. 模糊

通过改变文字的模糊度，可以制作文字虚化的动画。

3.3.2 选择器

为文字添加动画效果后，在文本图层的文本属性下面，会出现一个动画制作工具，这个工具中包含刚才选择的动画属性值和范围选择器，如图 3-9 所示。

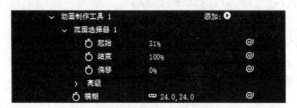

图 3-9 动画制作工具

单击动画制作工具右边的添加按钮，再单击选择器，可以看到可选三种选择器，除了默认的范围选择器之外，还有摆动选择器和表达式选择器，它们各自的作用如下。

1. 范围选择器

使动画效果只在设定好的范围内起作用。展开"范围选择器"选项，"起始"属性指示选取范围的开始位置，"结束"属性指示选取范围的结束位置。这两个参数值可以调整为 0 ~ 100%，可以用来改变动画效果的范围。

2. 摆动选择器

可以使文字属性值随时间的推移发生变化，从而使动画效果呈现摆动状态。使用摆动选择器即使没有创建关键帧，但仍会让选择项产生摆动变化。

3. 表达式选择器

可以为文字的属性值添加表达式以此来控制效果。

任务实施

本次任务要在视频的片尾创造这样一种效果：文字逐次出现并随机掉落，同时字符不断变换，最后定格在某个内容。下面介绍具体的制作步骤。

文字动画
制作.mp4

步骤 1 建立文本

（1）建立新工程项目并将其命名为"片尾"。新建合成，并将其命名为"片尾标题"，大小为 1920 像素 ×1090 像素，持续时间为 8 秒。

（2）建立文字层，输入文字：在路上，有你有我。文字大小设为 360，字体选择"华文行楷"，颜色设置为白色。将该文本图层命名为"标题"。

（3）在对齐面板中，将文字在水平与垂直方向上居中于舞台。

步骤 2 创建字符变化效果

（1）展开文本图层属性，在"文本"→"动画"→属性选项中选择添加位置、不透明度、字符位移效果。

（2）展开动画制作工具1，设置字符位移为50，单击字符位移前的码表，在第0帧创建关键帧。

（3）将当前时间指示器转至第1秒，设置字符位移为0。

（4）展开范围选择器，将时间指示器转至第0帧，将"起始"设置为100%，"结束"设置为0，并单击结束前的码表，创建关键帧。

（5）将当前时间指示器转至第1秒，将"结束"设置为100%。让动画效果的范围从左至右逐渐变化。使词组中的字符不断滚动变化，最后定格在"在路上，有你有我"这几个字符上。

步骤3 创建字符逐一显示效果

（1）将当前时间指示器转至第0秒，将不透明度为0，单击"字符位移"前的码表，在第0帧创建关键帧。

（2）将当前时间指示器转至第1秒，将不透明度为100%。这样就在不透明度属性值上创建了两个关键帧，可以让词组的字符逐一淡入。

（3）展开范围选择器下面的高级选项，将"随机排序"设置为"开"，打破动画原本的顺序，让字符变化从随机的位置开始。

步骤4 创建字符掉落效果

（1）将当前时间指示器转至第0秒，调整文字的 y 坐标，将其向上移出舞台。单击位置前的码表，在第0帧创建关键帧。

（2）将当前时间指示器转至第1秒，调整文字的 y 坐标将其移回舞台正中。

（3）展开范围选择器下面的高级选项，在"形状"选项中选择"上斜坡"，这样可以让文字的下落呈现斜坡形状，并逐个随机落下，如图3-10所示。

图3-10 字符随机掉落效果

步骤5 添加文本移出动画

（1）将当前时间指示器转至第4秒，选择"标题"文本层，按下 Ctrl + Shift + D 组合键，将文本层切割为上下两层，将上层文本命名为"标题2"。

（2）删除"标题2"中的动画制作工具。

（3）展开文本图层属性，在"文本"→"动画"→属性选项中选择添加位置、不透明度。

（4）展开范围选择器中的高级选项，单击偏移、不透明度和位置属性前的码表，在第

0 帧创建关键帧，并将偏移属性值改为 −100%。

（5）将当前时间指示器转至第 6 秒，设置文本不透明度为 0，调整文字的 x 坐标将其向左移出舞台，偏移属性值改为 0%。至此文本的移出动画制作完毕。

任务 3.4　路径文本动画

任务描述

肖宇在一家影视动画公司工作，负责影视作品的后期制作。她所在的部门接到一个任务：以"丝绸之路"为主题制作一个旅游宣传片。她负责制作视频片尾文字，需要使用文字路径，制作更加生动的动画效果。

知识准备

3.4.1　路径选项

很多时候，需要让文本沿着指定的路径运动，以便使文本动画更加生动有趣。制作路径文本动画的方法通常有两种，第一种是使用文本属性组中的路径，第二种则是应用 AE 预设效果的路径文本来制作。

先来了解第一种方法。选中文本图层，单击工具栏中的钢笔工具，在合成窗口中绘制出一条曲线，如图 3-11 所示。

图 3-11　绘制文本路径

这条曲线也就是文本图层的"蒙版 1"。展开文本下面的路径选项，在"路径"右边的下拉列表中选择"蒙版 1"，文字会沿着路径的形状排列，如图 3-12 所示。

路径选项有很多的参数，如反转路径、垂直于路径、强制对齐等，通过相应参数的调节，即可使文字沿着路径位移或沿路径分布，从而制作出文字的变形和移动态效果。

各个参数的作用如下。

（1）反转路径。使文字在路径上的方向进行翻转。

图 3-12　修改文本路径

（2）垂直于路径。使文字垂直于路径。

（3）强制对齐。强制文字在路径的两端进行对齐。

（4）首字边距。在强制对齐效果开启时控制路径起点的文字距离。

（5）末字边距。在强制对齐效果开启时控制路径终点的文字距离。

3.4.2　路径文本效果

AE 中的路径文本特效同样可以制作路径文本动画。

使用路径文本，一般要先建立一个纯色图层，然后选择"效果"→"过时"→"路径文本"命令，在弹出的"路径文字"对话框中输入文本内容，并设置字体和样式。

打开效果属性面板，可以看到"路径文本"特效有很多参数。其中，单击展开"形状类型"右边的列表，可以修改路径的基本形状，有贝塞尔曲线、圆形、循环和线各种形状。调整路径的起点、终点和方向手柄，也可以调整路径的形状和长度。

任务实施

本节任务需要对任务 3.3 中制作的旅游宣传片进行修改，增加视频片尾的文字动画。通过"路径文本"这一特效，制作圆环环绕文字，并通过"擦除"特效制作动画的过渡。下面介绍具体的制作步骤。

路径文本
动画.mp4

步骤 1　创建路径文本

（1）打开工程项目"片尾"，将项目另存为"片尾动画"。在项目窗口中，双击"片尾标题"合成，进入编辑状态。

（2）将当前时间指示器转至第 6 秒，单击 T2 文本层，按下 Alt +] 组合键，将图层的出点设置为第 6 秒。

（3）在图层菜单下选择"新建"→"纯色"命令，建立一个新的纯色图层，命名为外圆，颜色选默认值即可。

（4）在效果和预设面板中搜索"路径文本"效果，并将该效果拖到纯色图层。此时，会弹出"路径文字"对话框，在对话框中将字体设置为 Microsoft YaHei UI，单击确定按钮，效果如图 3-13 所示。

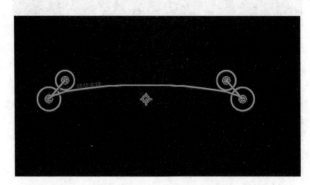

图 3-13　创建路径文本

步骤 2　编辑文本内容和形状

（1）在弹出的路径文字对话框中输入文本内容：在路上，有你有我。

（2）此时，路径文本建立的文字比较小，可以打开效果属性面板，对路径文本特效的参数进行修改。

（3）单击"路径选项"前面的三角形，展开路径选项，在形状类型选项中选择圆形。

（4）单击"字符"前面的三角形展开，将大小设置为 85。

（5）可以看到，由于文字内容比较少，不够环绕一圈。可以单击路径文本效果属性面板上方的"编辑文本"，重新打开路径文字对话框，并将原文复制两份，再移动圆环的控制点，调整圆环的大小，使文字能够刚好环绕一周，效果如图 3-14 所示。

图 3-14　调整文本内容和形状

步骤 3　设置动画过渡效果

（1）为了让文字逐一显示，为纯色图层添加"径向擦除"效果，这个效果在"过渡"效果类别中。调整"过渡完成"参数，即可对文字进行径向擦除。例如将该参数设置为 50%，文本就会被擦除一半，效果如图 3-15 所示。

（2）将当前时间指示器转至第 6 秒，将"过渡完成"参数设置为 100%，并单击"过渡完成"参数前面的码表，创建关键帧。

图 3-15　设置过渡效果

（3）将当前时间指示器转至第 7 秒，将"过渡完成"参数设置为 0。

（4）此时擦除动画已初步完成，文字会沿着圆逐渐显示出来。但是径向擦除效果默认顺时针方向，初始角度也不太合适。

（5）调整起始角度为 −45°，方向改为逆时针。使文字从"永"字开始逐渐显示。注意，如文字内容或大小改变，要相应调整起始角度值。

步骤 4　复制路径文本

（1）按下 Ctrl＋D 组合键，将刚才的纯色图层复制一份，命名为"中圆"。调整路径文本大小为 130，再移动圆环的控制点，将圆环半径减小。

（2）单击"外圆"图层，再次按下 Ctrl＋D 组合键，将纯色图层复制一份，命名为"内圆"。调整文字大小为 100，再移动圆环的控制点，将圆环半径减小。

（3）最后，将"中圆"和"内圆"两图层的时间分别往后调整 5 帧和 10 帧，使 3 个图层的起始时间不同，这样动画的效果更加有层次，最终效果如图 3-16 所示。

图 3-16　路径文本最终效果

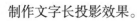 **任务拓展**

文字长投影
动画.mp4

制作文字长投影效果。

步骤 1　建立文本

（1）建立新合成，预设选择 HDTV 1080 25，尺寸为 1920 像素 × 1080 像素，持续时间为 5 秒。

（2）按下 Ctrl + Y 组合键，建立一个纯色图层，将这个纯色图层命名为"背景"。这里选择湖蓝色作为背景色。

（3）选择文本工具，输入一行文字：乘风好去，长空万里。

（4）打开对齐面板，将文字的水平与垂直对齐方式设置为居中，让文字位于舞台的中央。

步骤 2　添加效果

（1）选择文本图层，单击效果菜单，添加"模糊和锐化"→ CC Radial Fast Blur 效果。打开效果属性面板，将 Amount 的值设置为 100，并将 Center 设置为图层的左上角。

（2）选择文本图层，单击效果菜单，添加"遮罩"→"遮罩阻塞工具"效果。打开效果属性面板，将"几何柔和度"设为 0，"阻塞 1"设置为 −126，"灰色阶柔和度"设为 0。

（3）现在投影部分是白色的，给文本图层添加一个填充效果。在填充颜色属性面板中，将颜色设为黑色，不透明度设为 35%，此时阴影效果如图 3-17 所示。

图 3-17　设置阴影效果

（4）现在文字没有正常显示，为了让它重新显示，给文本图层添加一个填充效果 CC Composite，可以直接在效果和预设面板中直接搜索该效果。在 CC Composite 的属性面板中，取消勾选 RGB Only，这样文字就能正常显示出来了。

（5）现在阴影部分缺乏过渡，为了让它更有层次，给文本图层添加一个"线性擦除"效果，可以直接在效果和预设面板中直接搜索该效果。将羽化值改为 450，擦除角度设为 −10°，过渡完成设为 30%。

步骤 3　制作动态效果

（1）选择文字层，在效果和预设面板中，展开"动画预设"→ Text → Animate In，选择"随机淡化上升"效果，为文字层添加一个随机淡入的动画效果。

（2）此时预览效果，发现这个随机淡入动画速度比较慢，需要调整。选择文字层，按 U 键展开所有关键帧，将第 2 个关键帧向左拖动到第 1 秒，这样动画时间就会缩短，速度就会变快。

（3）将当前时间指示器转至第 1 秒，单击 CC Radial Fast Blur 的 Amount 参数前面的码表，创建一个关键帧，并将其值改为 0。再将当前时间指示器转至 30 帧，将 Amount 参数值改为 100，让影子有一个淡入的过程，于是文字长投影效果制作完毕，最终效果如图 3-18 所示。

图 3-18　文字长投影最终效果

能力自测

一、选择题

1. 文本动画预设默认在（　　）类型的合成中创建。
   A. NTSC DV 1920×1080　　　　　　　　B. HDTV 1920×1080
   C. NTSC DV 720×480　　　　　　　　　D. HDTV 720×480

2. （　　）选项可以强制文字在路径的两端进行对齐。
   A. 反转路径　　　　　B. 强制对齐　　　　　C. 首字边距　　　　　D. 末字边距

3. （　　）选项可以让文字的字符内容产生变化。
   A. 启用逐字 3D 化　　　　　　　　　B. 位置
   C. 字符位移　　　　　　　　　　　　D. 不透明度

4. （　　）选项不属于文字动画制作工具的选择器。
   A. 范围　　　　　B. 摆动　　　　　C. 表达式　　　　　D. 时间

5. 要制作文字的颜色渐变，可以使用（　　）方法。
   A. 展开文本图层属性，在"文本"→"动画"菜单中选择添加"填充"命令，设置两种以上的填充颜色，并创建关键帧
   B. 展开文本图层属性，在"文本"→"动画"菜单中选择添加"描边"命令，设置两种以上的描边颜色，并创建关键帧
   C. 展开文本图层属性，在"文本"→"动画"菜单中选择添加"移动"命令，设置两种以上的颜色，并创建关键帧
   D. 展开文本图层属性，在"文本"→"源文本"中创建关键帧，分别设置两种以上的文本填充颜色

6. 要使文字沿着绘制的路径排列，要执行（　　）操作。
   A. 为文字层绘制一条曲线蒙版，并展开文本下面的路径选项，在"自定义路径"的下拉列表中选择这个曲线蒙版
   B. 用钢笔绘制一条曲线，并展开文本下面的路径选项，在自定义路径的下拉列表中选择这个曲线
   C. 对文本层使用"路径"效果

D. 展开文本图层属性，在"文本"→"动画"选项中选择添加路径效果

二、填空题

1. AE 文本的颜色包括两个部分：_____和_____。

2. 在设置文本填充颜色时，可以通过_____，在屏幕上的任意位置单击以便对颜色采样。

3. 通过改变文字的_____坐标并创建关键帧，可用于制作字符的位移动画。

4. 当文字内容包含多行时，通过改变文字的_____坐标，可用于制作字符的垂直拉伸动画。

5. _____可以使文字在路径上的方向进行翻转。

6. 当文字内容包含多个字符时，可以通过_____的变化制作文字的水平拉伸动画。

三、操作题

请运用本项目所学的知识，为某高校运动会制作一个片头文字动画，视频时间 10 秒左右，尺寸设置为 1920 像素 × 1080 像素。

单元4

特 效 应 用

AE 特效插件对影视特效制作起着至关重要的作用，一款实用的插件工具能够大幅度地提升工作效率，轻松打造各种动画、视频特效。AE 不仅包含几百种内置特效插件，同时也支持上千种外置特效插件。

本单元将通过一些案例来讲述常用的内置特效，如发光、马赛克、阈值、毛边等。除此之外，还将介绍一些常用的外置插件，如 Particular 粒子、Saber 插件等。

学习目标

知识目标

- 掌握发光、马赛克、阈值、毛边、分形杂色等内置效果的参数设置和应用方法。
- 掌握 Particular 粒子、Saber 插件的安装、参数设置和应用。

能力目标

- 通过项目任务的制作，全面提高实践技能、审美和创新能力。
- 能够综合应用各种 AE 插件，制作动画、转场和特效。

素养目标

- 通过开展主题练习，赏析优秀"主旋律"题材影视作品等方式，潜移默化地带入思政教育元素，对学生的思想成长进行引导。
- 对影视艺术实践的一般常识、运行法则和社会价值等方面进行概括总结，让学生在掌握了一定的理论基础之后，既而获得专业领域的实践能力。

📖 项目重难点

项目内容	工作任务	建议学时	重 难 点	重要程度
使用 AE 软件内置、外置滤镜插件制作视频和动画特效	任务 4.1 风格化效果设置	2	掌握发光、马赛克、阈值和毛边等特效的应用	★★★★☆
	任务 4.2 过渡效果设置	2	掌握 CC Glass Wipe、"百叶窗、径向擦除和线性擦除"等特效的应用	★★★☆☆
	任务 4.3 模糊和锐化效果设置	2	掌握复合模糊、通道模糊、锐化等特效的应用	★★★☆☆
	任务 4.4 生成效果组设置	4	掌握填充、梯度渐变、四色渐变等特效的应用	★★★★☆
	任务 4.5 扭曲效果组设置	2	掌握波形变形、边角定位、极坐标等特效的应用	★★★☆☆
	任务 4.6 杂色和颗粒效果设置	4	掌握分形杂色、添加颗粒等特效的应用	★★★★☆
	任务 4.7 外置插件设置	4	掌握 Particular 和 Saber 等外置插件的应用	★★★★★

任务 4.1 风格化效果设置

🖥 任务描述

林小敏在一家影视动画公司工作,她所在的部门这次负责某科幻电影的后期制作。林小敏负责片头 LOGO 的动画制作,她打算运用形状的路径修剪,运用遮罩技术和一些风格化的插件,制作有科技感的 LOGO 动画特效。

📓 知识准备

4.1.1 发光效果

1. 创建发光效果

发光是一种 AE 中使用频率非常高且比较容易掌握的内置效果,经常用来模拟文字或图像的发光效果。

单击"效果"菜单,在"风格化"后面选择"发光"命令,可以为图层添加"发光"效果,参数面板如图 4-1 所示。

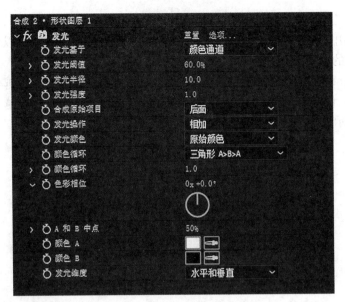

图 4-1   发光效果的参数面板

2. 主要参数

发光效果的主要参数详解如下。

（1）发光阈值：数值较高时，只有高亮的部分发光；数值较低时，亮度较暗的部分也能发光。

（2）发光半径：决定发光的范围。

（3）发光强度：决定发出的光强度值。

（4）发光颜色：可以使用自身的颜色或者 A 和 B 的颜色（设置的颜色）。

（5）颜色 A 和颜色 B：如果在发光颜色中选择了"颜色 A 和颜色 B"，则该项可以选择发这两种颜色光，默认为白色和黑色。

3. 效果应用

创建一个星形，为其添加发光效果，将阈值调整为 50%，发光半径调到 20 左右，强度调到 3，效果如图 4-2 所示。

图 4-2   使用发光效果

4.1.2   马赛克效果

马赛克效果可将影像特定区域的色阶细节劣化，造成色块打乱的效果，因为这种模糊看上去由一个个的小格子组成，便形象地称这种画面为马赛克。其目的通常是使原影像无

81

法辨认，常用来遮挡人物面貌、商品 LOGO 或者某些敏感信息。

单击效果菜单，在"风格化"后面可以选择"马赛克"命令，可以为图层添加马赛克效果。马赛克的主要参数详解如下。

（1）水平块：设置水平方向的色块数量，数值越大则画面越清晰，数值越小则画面越粗糙。

（2）垂直块：设置垂直方向的色块数量，数值越大则画面越清晰，数值越小则画面越粗糙。

如图 4-3 所示，为图片局部进行马赛克处理。

图 4-3　马赛克效果

4.1.3　阈值效果

单击效果菜单，执行"风格化"→"阈值"命令，可以为图层添加阈值效果。阈值又叫临界值，是指一个效应能够产生所需的最低值或最高值，可以理解为值域，即是因变量的取值范围。通过调整亮度阈值，可以将亮度高于或等于指定阈值的像素转换为白色，而低于指定阈值的像素转换为黑色，从而创建高对比度的黑白二色图像，也可用于创建特殊的亮度遮罩。

阈值仅有一个参数——级别。当阈值级别调得比较小时，暗部和亮部都会变亮，对比度变小；当级别调得比较大时，亮部会变亮，而暗部会更暗，对比度变大。阈值级别默认值为 128，效果如图 4-4 所示。

图 4-4　"阈值"效果

4.1.4　毛边效果

毛边效果同样也是风格化效果组中应用较多的一个内置效果，在 After Effects 中，经常用该效果来给文字、形状和图像添加粗糙边缘。毛边的主要参数详解如下。

（1）边缘类型：设置毛边效果的类型，例如粗糙化、颜色粗糙化、剪切、刺状和生锈等。选择颜色粗糙化、生锈颜色和影印颜色等类型后，下方边缘颜色的选项会激活，可以用来设置描边的颜色。

（2）边界：影响边缘受影响的程度。数值越大，边缘被液化的效果就越明显；把数值调整到 0 的话，边缘锯齿效果会消失。

（3）边缘锐度：控制的是边缘的模糊程度或者说清晰程度。数值越小，边缘就会显得越模糊；数值越大，就有一种边缘的形状会锐化。

（4）分形影响：可以理解为边缘形状影响的多少。如果将数值调大一点，边缘分形影响的会多一点；相反小一点，边缘被扭曲的地方就会少一点。

（5）比例：也可以理解为边缘效果的缩放比例，在生锈的类型下表现明显。

（6）伸缩高度或宽度：将中间的分形水平拉升（正值）或者垂直拉升（负值）。

（7）偏移：偏移值可以控制边缘碎块的中心点位置。给偏移值设定关键帧，可以实现边缘流淌的效果，让碎片生锈效果实现水平或垂直移动。

（8）复杂度：控制边缘毛边粒子的复杂程度。复杂度越高，毛边的质感就会越明显，周边遍布的碎块就会越多。

（9）演化：用来制作动画的关键部分，调整该参数，可以让中间生锈的碎块有流淌的感觉。

（10）循环演化：如果没有勾选的话，制作演化动画时是完全随机的；如果勾选上，那么制作演化动画时，效果是循环的，也就是说 0～360 和 360～720 的效果是一模一样的循环重复。

对文字层添加毛边效果，将边界设置为 30，边缘锐度设置为 0.5，效果如图 4-5 所示。

图 4-5　毛边效果

任务实施

本任务要为一个科幻电影制作片头 LOGO 动画。可以通过形状的路径修剪，结合本任务中所学习到的发光、毛边等风格化滤镜效果，制作有科技感的 LOGO 动画特效，具体步骤如下。

科幻电影特效
制作一.mp4

步骤 1　制作线条

（1）创建一个新的 AE 工程项目，将其命名为"LOGO 动画"。

（2）单击项目下方的新建合成按钮，建立一个合成，命名为"线条"，预设选择 HDTV 1080 25，设置尺寸为 1920 像素 ×1080 像素，持续时间设置为 10 秒。

（3）用钢笔工具绘制一条曲线，取消填充，将描边设置为白色，描边宽度为 8 像素，将此图层命名为曲线，效果如图 4-6 所示。

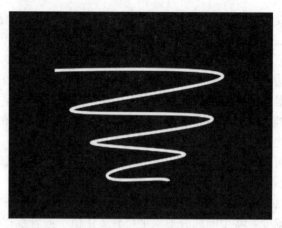

图 4-6　绘制不规则曲线

（4）选中曲线图层，选择"效果"→"风格化"→"毛边"命令，为其添加一个毛边效果。

（5）展开毛边效果属性面板，设置边缘类型为粗糙化，边界值为 6，比例为 70%。这个步骤可以让曲线的边缘部分变得不再光滑，呈现粗糙化的边缘效果。

步骤 2　制作路径动画

（1）展开曲线图层，单击图层下方的添加按钮，执行"修剪路径"命令，此效果可以用图层添加线条的修剪效果。

（2）将当前时间指示器转至第 0 秒，展开曲线图层的"修剪路径"属性组，单击开始和结束前面的秒表图标，在此时间点创建两个关键帧。将开始和结束的值都调整为 0。此时图形会被全部修剪掉。

（3）将当前时间指示器转至第 1 秒，将开始和结束的值都调整为 100。

（4）按 U 键显示所有的关键帧，将开始属性上的两个关键帧同时选中，并向右移动 5 帧。此步骤可以形成线条的一部分向下移动的动画效果，如图 4-7 所示。

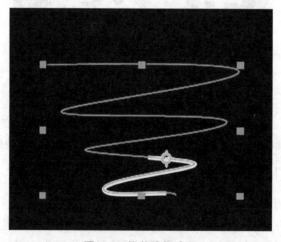

图 4-7　修剪路径动画

（5）选中曲线图层，将其复制 7 份，依次拖动复制的图层，使图层的开始时间从下至上逐次延后两个帧，如图 4-8 所示，这样可以使图形的动画更加丰富有层次感。

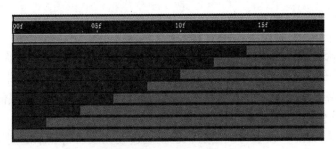

图 4-8 复制图层

（6）用同样的方法，制作从下向上和倾斜的线条动画。

（7）创建一个新的合成，将其命名为"线条动画"，将所有方向的线条全部放入该合成中，形成综合动画效果。

（8）同时选中所有线条，为其添加发光效果。将发光阈值设置为 60%，发光半径设置为 80，强度调整为 0.9，最终效果如图 4-9 所示。

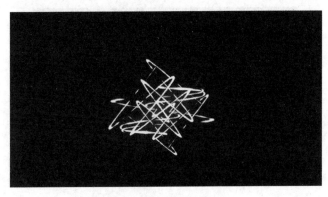

图 4-9 发光效果

任务 4.2 过渡效果设置

任务描述

林小敏在一家影视动画公司工作，她所在的部门这次负责某科幻电影的后期制作。林小敏负责转场动画制作，她打算运用过渡效果组，制作有个性化的转场动画特效。

知识准备

过渡效果组的作用基本上都是让图层以不同的形态逐渐消失，从而显示出下方的图层，以达到从图层一到图层二的过渡效果。除了"光圈擦除"之外，所有过渡效果都有"过渡完成"这一属性，当它的值为 100% 时，表示过渡全部完成。自身的图层变成透明的状态，因此在这一属性值上设置关键帧，就可以实现过渡动画。比较常用的过渡效果：CC Glass Wipe、百叶窗、径向擦除、线性擦除等。

4.2.1　CC Glass Wipe 效果

CC Glass Wipe 效果又名玻璃擦除效果，可以模拟类似在玻璃上擦除灰尘的动画效果。此效果在应用时一般有上下两个图层，将效果添加在上方图层上。其详细参数如下。

（1）过渡完成：设置玻璃擦除效果对图像的影响比例。当过渡完成值为 0 时，完全无效果；当过渡完成值为 100% 时，图像完全被遮住。

（2）Layer to Reveal：设置背面图层，也就是过渡完成后将显示的图层。

（3）Gradient Layer：设置渐变图层，默认为本图层。图层画面上较暗的像素先过渡，较亮的像素后过渡，从而形成不规则的擦除效果。

（4）Softness：用来设置过渡的柔和程度。

（5）Displacement Amount：置换数量。此选项数值越大，则擦除效果越明显。

将 CC Glass Wipe 的过渡完成设置为 50%，Softness 设置为 35，Displacement Amount 设置为 500，过渡效果如图 4-10 所示。

图 4-10　CC Glass Wipe 效果

4.2.2　CC Grid Wipe 效果

CC Grid Wipe 效果又称网格擦除效果，可以模拟网格逐渐放大的擦除动画效果。此效果在应用时一般有上下两个图层，将效果添加在上方图层上。其详细参数如下。

（1）过渡完成：该参数的使用同 CC Glass Wipe 效果中的一致。

（2）Center：中心。可用来定位网格的中心位置，默认在合成窗口的中心。

（3）Rotation：旋转值。可以用来调整网格的角度，使其产生旋转效果。

（4）Border：边界。该属性值越大，则网格的面积越大。

（5）Tiles：拼贴数量。该属性在不增加网格面积的前提下，增加网格的数量，数值越大，则网格的数量越多。

（6）Shape：形状。可用来设置网格的分布形状。有 Doors（门）、Radial（放射状）和 Rectangular：矩形。等三个选项。

（7）ReverseTransition：反转过渡。将网格遮罩进行反转。

为上方图层添加 CC Grid Wipe 效果，并过渡完成设置为 50%，将形状设置为 Doors，效果如图 4-11 所示。

图 4-11　CC Grid Wipe 效果

4.2.3　百叶窗效果

在过渡效果组中可以找到百叶窗命令。该效果可以给文字、形状和图像添加类似百叶窗形状的过渡效果，常用在视频、动画的转场中。百叶窗效果的参数详解如下。

（1）过渡完成：该参数的使用同 CCGlassWipe 效果中的一致。

（2）方向：该参数用来设置百叶窗效果的角度。

（3）宽度：用来调整百叶窗效果的窗叶宽度。

（4）羽化：用来对百叶窗效果的窗叶进行虚化，使效果与图形更加融合。该参数调整过大时，百叶窗效果会消失。

将百叶窗的过渡完成设置为 50%，方向为 45°，效果如图 4-12 所示。

图 4-12　百叶窗效果

4.2.4　线性擦除效果

线性擦除效果可以给文字、形状和图像添加类似水平或者垂直擦除的过渡效果，常用在视频、动画的转场中。

线性擦除的参数详解如下。

（1）过渡完成：用来设置线性擦除效果对图像的影响比例。当过渡完成值为 0 时，完全无效果；当过渡完成值为 100% 时，图像完全被遮住。

（2）擦除角度：用来设置线性擦除效果的角度。

（3）羽化：用来对线性擦除的边缘进行虚化，使效果与图形更加融合。

创建两个图像素材图层，为上方图层添加线性擦除效果，将线性擦除的过渡完成参数设置为 50%，方向设置为 45°，羽化值设为 500，效果如图 4-13 所示。

图 4-13　线性擦除效果

任务实施

本任务将为一部科幻电影制作转场动画，可以运用所学过渡效果组中的百叶窗效果的相关知识，制作有个性化的转场特效，具体步骤如下。

步骤 1　制作 LOGO

（1）打开任务 4.1 创建的 AE 工程项目"LOGO 动画"。

（2）新建一个合成，并将其命名为 main。

（3）导入本书配套资源文件夹 4-2 中的 LOGO.png 图片文件，并将该图片素材和"线条动画"合成都放入 main 合成中。

（4）选中 LOGO 素材图层，将 LOGO 放在线条的中心处，并调整图层缩放值为 70%。

（5）为 LOGO 添加一个发光效果，将阈值设置为 40%，发光半径设置为 68，效果如图 4-14 所示。

图 4-14　制作 LOGO 发光效果

步骤 2　制作过渡效果

（1）选中 LOGO 图层，选择"效果"→"过渡"→"百叶窗"命令，为图层添加一个百叶窗效果。

（2）单击 LOGO 图层前的独显开关，将图层单独显示。

（3）在百叶窗效果的属性面板中，将角度调整为 45°，宽度设置为 35。

（4）将当前时间指示器转至第 1 秒，单击过渡完成前的秒表图标，在此处创建一个关键帧，并将过渡完成的值改为 100%，使 LOGO 在此时处于完全隐藏的状态。

（5）将当前时间指示器转至第 1 秒 20 帧，将过渡完成的值改为 0，使 LOGO 完全显示出来。

取消 LOGO 图层的独显开关，并进行动画预览，可以看到在线条逐渐消失的时候，LOGO 也会随着百叶窗的打开而显示出来，如图 4-15 所示。

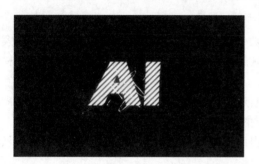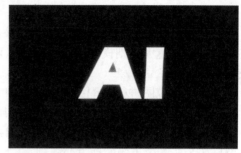

图 4-15　百叶窗过渡效果

任务 4.3　模糊和锐化效果设置

任务描述

林小敏在一家影视动画公司工作，她所在的部门这次负责某科幻电影的后期制作。林小敏负责视频片段的入场和出场设计，她打算运用模糊和锐化效果组设计视频画面的出入场特效。

知识准备

4.3.1　复合模糊效果

复合模糊（Compound Blur）效果可根据控件图层（也称为模糊图层）的明亮度值，使效果图层中的像素变模糊。默认情况下，模糊图层中明亮的值相当于增强效果图层的模糊度，而黑暗的值相当于减弱模糊度。

此效果可用于模拟污点和指纹，或因大气条件（如烟雾或热能）所致的能见度变化，对动画模糊图层（如使用湍流杂色效果生成的图层）特别有用。

复合模糊效果主要有以下参数。

（1）模糊图层：用于指定复合模糊特效所应用的图层，一般为原素材图片。当选择其他素材作为模糊层时，黑色区域作为不模糊区域，亮度区域作为模糊区域。素材越亮，模糊程度越大，如图 4-16 所示。

图 4-16 复合模糊效果

（2）最大模糊：用于定义模糊程度，该数值默认范围为 0～4000，也可以手动输入更大的数值，数值越大，则模糊层上的亮度区域越模糊，但要注意，当数值过大时，素材会变成灰色。

（3）伸缩对应图进行适配：当启用"伸缩对应图进行适配"复选框时，则调整模糊层尺寸来匹配被模糊图像的尺寸，使整个模糊层的效果作用在被模糊层上。

（4）反转模糊：用于反转模糊效果。启用该复选框，可以让模糊层上原本模糊强烈的地方效果变为弱，效果弱的地方变模糊。

4.3.2 快速方框模糊效果

在模糊和锐化效果组中，可以找到快速方框模糊命令。该特效主要用于制作文字和图像的模糊效果，是最常用的模糊滤镜。

快速方框模糊效果主要有以下参数。

（1）模糊半径：它决定了模糊的程度。

（2）模糊方向：默认为水平和垂直方向均模糊，也可以选择模糊效果仅作用于水平或垂直方向。

（3）重复边缘像素：默认状态是不选中的，此时快速模糊略微减少明度高的区域边缘。如选中此项，则边缘不做柔化处理。

快速方框模糊效果如图 4-17 所示。

图 4-17 快速方框模糊效果

4.3.3 通道模糊效果

该效果可以在素材上添加带有色散效果的方形像素模糊，它可以针对不同的色彩通道做专门的模糊处理。通过在不同的色彩通道中施加不同的模糊强度，可以制作出一种特殊光线的效果。

在素材上添加该特效后，就可以通过特效属性面板或者时间轴窗口来调整它的参数，详细介绍如下。

（1）红色模糊度：调整红色通道中的模糊程度，其默认值为0~127。

（2）绿色模糊度：调整绿色通道中的模糊程度，其默认值为0~127。

（3）蓝色模糊度：调整蓝色通道中的模糊程度，其默认值为0~127。

（4）Alpha模糊度：对素材图层中的Alpha通道信息进行模糊处理。Alpha通道信息是为每个像素存储透明信息的通道。红色模糊度、绿色模糊度、蓝色模糊度和Alpha模糊度的最大值均不能超过32767。

为图层添加通道模糊效果，选择不同通道的效果如图4-18所示。

图 4-18　通道模糊效果

（5）边缘特性：用于设置所选图层的边缘效果。如果在该属性中调用"重复边缘像素"复选框，则素材的边缘将不被模糊处理。

（6）模糊方向：可设置模糊的方向，有"水平和垂直""水平""垂直"3种选项。

4.3.4 锐化效果

在AE中，锐化效果主要用于制作文字和图像的锐化处理效果，它可以在图像颜色发生变化的地方提高对比度，从而使图像更加清晰。锐化效果仅有一个参数：锐化量。该参数主要用于调整锐化的程度，默认的数值为0~100，可以调整的最大数值不能超过4000。

在使用该效果时，要注意锐化强度的设置，如果数值太大可能会使图像的对比度过高，图像会产生立体的效果，但画面上的杂点将会变多，锐化效果如图4-19所示。

图 4-19　"锐化"效果

任务实施

步骤 1　制作 LOGO 动画

（1）打开任务 4.1 创建的 AE 工程项目"LOGO 动画"，打开 main 合成。

（2）选中 LOGO 素材图层，按下 Ctrl + Shift + C 组合键转换成一个预合成，命名为 LOGO。

（3）选中 LOGO 图层，选择"效果"→"模糊"→"径向模糊"命令，为图层添加一个模糊效果。

（4）展开径向模糊效果属性面板，调整数量属性值，该数值可以影响文字径向模糊的程度。

（5）将当前时间指示器转至第 2 秒，单击数量前面的秒表图标，在此处创建一个关键帧，并将数值调为 0。

（6）将当前时间指示器转至第 2 秒 15 帧，将数值调为 200，此时文字会虚化成一个圆形，如图 4-20 所示。

图 4-20　径向模糊

步骤 2　制作淡出动画

将当前时间指示器转至第 2 秒 20 帧，按 T 键展开 LOGO 图层的不透明度属性。

（1）单击不透明度属性前的秒表图标，创建一个关键帧。

（2）再将当前时间指示器转至第 3 秒 10 帧，将 LOGO 图层的不透明度属性数值改为 0，制作一个 LOGO 图形的淡出效果。

（3）LOGO 的模糊动画和淡出效果至此制作完毕，效果如图 4-21 所示。

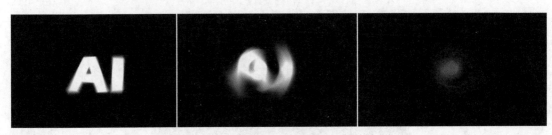

图 4-21　淡出动画

任务 4.4　生成效果组设置

任务描述

林小敏在一家影视动画公司工作，她所在的部门这次负责某科幻电影的后期制作。林小敏负责视频片段的动画特效制作，她打算运用生成效果组制作视频画面的光晕效果，并制作图案的颜色变化。

知识准备

4.4.1　填充效果

单击效果菜单，选择"生成"→"填充"命令。填充效果可以改变图层内的像素颜色，经常用来制作图像的变色动画效果。它的主要参数有。

（1）颜色：改变像素的颜色。

（2）不透明度：改变图层的不透明度。

利用在参数上建立表达式或关键帧的配合，可以创造出不同的颜色变幻效果。

举例说明，建立一个文字层，输入文字"AE"，并为其添加填充效果。

展开填充效果属性，在颜色属性中选择填充颜色。将当前时间指示器转至第 0 秒，单击颜色前面的码表，创建一个关键帧。

将当前时间指示器转至第 15 帧，将填充颜色修改为蓝色。

将当前时间指示器转至第 30 帧，将填充颜色修改为黄色。

将当前时间指示器转至第 45 帧，将填充颜色修改为紫色。

按下空格键，可以看到文字颜色发生了动态变化，如图 4-22 所示。

图 4-22　填充效果

4.4.2　梯度渐变效果

单击效果菜单，在"生成"后面可以找到"梯度渐变（gradient ramp）"命令。该效果主要用于制作文字、形状和背景的颜色渐变。

梯度渐变的主要参数如下。

（1）渐变起点：它决定了渐变的起始位置。

（2）起始颜色：它决定了渐变的起始颜色，默认为黑色。

（3）渐变终点：它决定了渐变的结束位置，与渐变起点配合使用，可以改变渐变的角度。

（4）结束颜色：它决定了渐变的结束颜色，默认为白色。

（5）渐变形状：可设置渐变的形状为线性或者径向。

（6）渐变散射：如果渐变过渡不自然，可以增加渐变散射值，以扩展边缘和增加噪点。

4.4.3 四色渐变效果

四色渐变效果由 4 个效果点定义，这 4 个点的位置和颜色均可使用位置和颜色控件组设置动画。渐变效果由混合在一起的 4 个纯色圆形组成，每个圆形均使用一个效果点作为中心。

"四色渐变"主要有以下参数。

（1）点 1/2/3/4：它决定了每个颜色作用的位置。

（2）颜色 1/2/3/4：该参数用于设置具体的颜色。

（3）混合：调节混合可以使过渡得更加融合，数值越高，颜色之间的逐渐过渡层次越多。

（4）混合模式：将四色渐变与图层本身的色彩进行混合，以达到不同的视觉效果。

四色渐变效果如图 4-23 所示。

图 4-23　四色渐变效果

4.4.4 高级闪电效果

高级闪电效果可以模拟放电现象，该效果不能自行设置动画，只能通过"传导率状态"或其他属性的设置，来创建闪电动画。

　　高级闪电效果包括"Alpha 障碍"功能，使用此功能可使闪电围绕指定对象。此效果适用于 8-bpc 颜色。主要参数详解如下。

　　（1）闪电类型：指定闪电的特性，包括方向、击打和阻断等。

　　（2）源点：为闪电指定源点的位置。

　　（3）方向：指定闪电移动的方向。

　　（4）传导率状态：此参数可以更改闪电的路径。

　　（5）核心设置：这些控件用于调整闪电核心的各种特性。

　　（6）发光设置：这些控件用于调整闪电的发光。

　　（7）Alpha 障碍：指定原始图层的 Alpha 通道对闪电路径的影响。在 Alpha 障碍大于零时，闪电会尝试围绕图层的不透明区域，将这些区域视为障碍。在 Alpha 障碍小于 0 时，闪电会尝试停留在不透明区域内，避免进入透明区域。

　　（8）湍流：指定闪电路径中的湍流数量。值越高，击打越复杂，其中包含的分支和分叉越多；值越低，击打越简单，其中包含的分支越少。

　　（9）分叉：指定分支分叉的百分比。

　　（10）衰减：指定闪电强度连续衰减或消散的数量，会影响分叉不透明度开始淡化的位置。

　　高级闪电效果如图 4-24 所示。

图 4-24　高级闪电效果

4.4.5　镜头光晕效果

　　镜头光晕效果可模拟将明亮的灯光照射到摄像机镜头所致的折射现象。通过单击图像的任一位置或拖动其十字线，可以指定光晕中心的位置。

　　镜头光晕效果的主要参数详解如下。

　　（1）光晕中心：此参数可以设置镜头光的中心位置。

　　（2）光晕亮度：此参数可以设置镜头光晕的亮度，其数值为 0 ~ 300%。

　　（3）镜头类型：此参数可以改变镜头的变焦类型，从而产生不同的光晕效果。

　　（4）与原始图像混合：用于设置光晕效果与原始图像的混合程度，当数值为 100 时，光晕会消失不见。

镜头光晕效果如图 4-25 所示。

图 4-25　镜头光晕效果

4.4.6　棋盘效果

棋盘效果可为图层创建矩形的棋盘图案，其中有一半是透明的。此效果适用于 8 位颜色。棋盘效果的主要参数详解如下。

（1）锚点：棋盘图案的源点，移动此点会使图案位移。

（2）大小依据：确定矩形尺寸的方式，包括边角点、宽度滑块，以及宽度和高度滑块三种方式。

（3）宽度：每个矩形的宽度由"宽度"值确定。

（4）羽化：可用于设置棋盘图案中边缘羽化的粗细。

（5）颜色：可用于设置棋盘图案中不透明部分的颜色。

（6）不透明度：设置彩色矩形的不透明度。

（7）混合模式：用于在原始图层上面合成棋盘图案的混合模式。这些混合模式与时间轴面板中的混合模式一样，但默认模式"无"除外，此设置仅渲染棋盘图案。

棋盘效果如图 4-26 所示。

图 4-26　棋盘效果

任务实施

步骤 1　制作四色渐变动画

（1）打开任务 4.1 创建的 AE 工程项目"LOGO 动画"。在项目窗口中，双击 main 合成，进入编辑状态。

（2）选中"线条动画"图层，选择"效果"→"生成"→"四色渐变"命令，为图层添加一个四色渐变效果。

（3）展开四色渐变效果属性面板，调整四个点的位置并修改颜色，这里的颜色可以根据自己的喜好进行设置，本任务设置参数如图 4-27 所示。

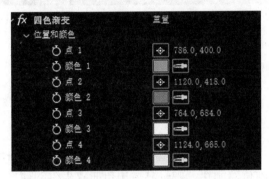

图 4-27　设置四色渐变参数

步骤 2　制作径向渐变效果

（1）新建一个纯色图层，命名为"背景"，选择"效果"→"生成"→"梯度渐变"命令，为图层添加梯度渐变效果。

（2）展开梯度渐变效果属性面板，可以看到渐变形状默认为线性渐变，将其修改为径向渐变。

（3）将起始颜色改为深蓝色，结束颜色改浅蓝色，再将渐变起点移到合成的中心处，这样就得到了一个具有渐变效果的背景。

（4）按 Ctrl + Shift + C 组合键，将背景层转化为一个预合成，命名为背景。

步骤 3　制作镜头光晕效果

（1）选中背景层，选择"效果"→"生成"→"镜头光晕"命令，为该图层添加一个光晕效果。

（2）展开镜头光晕效果属性面板，将光晕中心移到合成窗口的左上角，光晕亮度改为70% 左右，并将镜头类型改为 105 毫米定焦。

步骤 4　制作线性渐变 LOGO

（1）选中 LOGO 图层，选择"效果"→"生成"→"梯度渐变"命令，为 LOGO 图层添加渐变效果。

（2）展开梯度渐变效果属性面板，渐变形状保持为线性渐变。

（3）将起始颜色改为浅灰色，结束颜色改浅蓝色。并将渐变起点移到 LOGO 的上方，渐变终点移动 LOGO 的下方。这样就得到了一个具有渐变效果的 LOGO 动画，如图 4-28 所示。

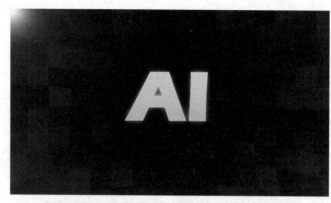

图 4-28　最终效果

任务 4.5　扭曲效果组设置

任务描述

林小敏在一家影视动画公司工作，她所在的部门这次负责某科幻电影的后期制作。林小敏负责视频片段的动画特效制作，她打算运用扭曲效果组的插件，结合网格和径向擦除等效果，制作雷达扫光的动画特效。

知识准备

4.5.1　波形变形效果

在扭曲效果组中，可以找到"波形变形（Wave Warp）"命令。该效果可以在画面上添加类似波纹的动态扭曲效果。

波形变形效果的主要参数详解如下。

（1）波形类型：可以设置波形的形状，如正弦、三角形、正方形和锯齿等。

（2）波形高度：可以设置波形的高度。

（3）波形宽度：可以设置波形的宽度。

（4）方向：可以设置波形的方向。以角度来衡量，默认 90° 即正常波浪，改变数值后，波浪会出现倾斜的视觉效果。

（5）波形速度：可以设置波形的流动速度。

（6）固定：可以固定边缘、中心、底部等位置，被固定的位置不会有或很少有波纹产生，视觉上波动的幅度要明显小于其他地方。

用波形变形效果制作的火焰效果如图 4-29 所示。

图 4-29　用波形变形效果
制作的火焰效果

4.5.2　边角定位效果

边角定位效果有四个定位点，可以通过改变这些点的坐标数值来改变这图像的形状，产生拉伸变形的画面，做出类似三维透视的视觉效果。

边角定位有四个参数：左上、右上、左下、右下。可以在参数面板中修改这四个点的位置，或者直接在合成窗口中拖动这几个点的位置，从而制作出画面扭曲的形状。用边角定位效果制作的效果如图 4-30 所示。

图 4-30　边角定位效果

4.5.3　极坐标效果

极坐标效果经常用来制作流光效果、动态圆环图案等。

极坐标效果的主要参数如下。

（1）插值：该参数主要设置图像扭曲的程度，数值为 0 ~ 100%，当插值达到 100% 时，图像会被扭曲成一个圆形。

（2）转换类型：有两个选项，分别为矩形到极线和极线到矩形。它决定了扭曲的基本形状。

用极坐标效果对图片进行扭曲，制作球体效果，如图 4-31 所示。

 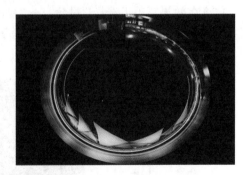

图 4-31　"极坐标" 效果

任务实施

在很多科技类的影视作品中，常会出现雷达扫描的动画，它需要综合应用几种效果来进行制作。

步骤 1　创建网格

（1）打开任务 4.1 创建的 AE 工程项目"LOGO 动画"，新建一个合成，并将其命名为雷达。

（2）在"图层"菜单下选择"新建"→"纯色"命令，建立一个新的纯色图层，并将其命名为"网格"，颜色选默认值即可。

（3）为"网格"图层添加网格效果，打开效果属性面板，将颜色参数设置为绿色。

步骤 2　制作极坐标效果

（1）选中"网格"图层，在效果和预设面板中，找到极坐标效果，为"网格"图层添加极坐标效果。

（2）打开极坐标效果面板，将插值改为 100%，转换类型设置为"矩形到极线"。前文介绍过，这样设置极坐标的参数，可以将图形扭转为一个球形。此时，"网格"图层会变成一个绿色的网状图形，如图 4-32 所示。

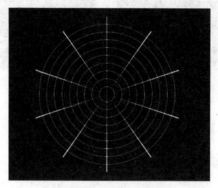

图 4-32　应用极坐标效果的"网格"图层

步骤 3　制作雷达光

（1）新建一个绿色的纯色图层，命名为"雷达"，为该图层绘制圆形蒙版，大小与网格的外圆一致。

（2）在效果菜单下选择"过渡"→"径向擦除"命令，为"雷达"图层添加径向擦除效果，过渡完成改为 99.5%，将"擦除中心"移到圆心处，再将羽化值设置为 40% 左右，这样可以让圆形转换为一个小角度的扇形，并且边缘处有柔化效果，如图 4-33 所示。

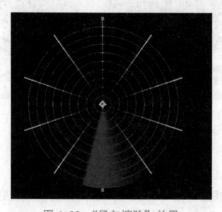

图 4-33　"径向擦除"效果

（3）单击"起始角度"前面的码表，在第 0 秒创建关键帧。再将当前时间指示器转至第 3 秒，将其设置为旋转一圈，这样一个雷达扫描的动画就制作完成了。

（4）双击 main 合成，将雷达合成放入其中，并将图层向后移到两秒时才出现，这样在 LOGO 消失以后才会出现雷达的动画。

任务 4.6　杂色和颗粒效果设置

任务描述

林小敏在一家影视动画公司工作，她所在的部门这次负责某科幻电影的后期制作。林小敏负责视频片段的动画特效制作，她打算运用杂色和颗粒效果组结合极坐标和发光等效果，制作具有科技感线条的动画特效。

知识准备

4.6.1　分形杂色效果

在杂色和颗粒效果组中，可以找到分形杂色效果。该效果可创建用于自然景观、背景、置换图和纹理的灰度杂色，或者用于模拟云、火、熔岩、蒸汽或流水等事物，是一个有着强大效果的常用特效。

分形杂色效果的主要参数详解如下。

1. 分形类型

用于确定网格的特性，其类型包括：基本、湍流平滑、湍流基本、湍流锐化、动态、涡旋、岩石、阴天等。

2. 复杂度

用于指定杂色图层的数量。

3. 杂色类型

在杂色网格中的随机值之间使用的插值的类型，其类型包括：块、线性、柔和线性（默认）及样条等。

4. 反转

反转杂色。黑色区域变为白色，白色区域变为黑色。

5. 对比度

默认值为 100。较高的数值可创建较大的、定义更严格的杂色黑白区域，通常显示不太精细的细节。较低的数值可生成更多灰色区域，以使杂色柔和。

6. 亮度

默认值为 0。可使得整体变亮或变暗。

7. 变换

用于旋转、缩放和定位杂色图层的设置。

8. 复杂度

为创建分形杂色合并的（根据"子设置"）杂色图层的数量。增加此数量将增加杂色的外观深度和细节数量，但会增加渲染时间。

9. 演化

可以通过为"演化"设置关键帧来指定杂色在一段时间内演化的数量。在给定时间内旋转次数越多，杂色更改的速度越快。在一段短时间内"演化"值的较大变化可能导致闪光。

10. 循环演化

创建在指定时间内循环的演化循环。勾选此选项可使"演化"状态返回其起始点，从而可创建无缝循环。

11. 不透明度

控制杂色效果的不透明度。

12. 混合模式

分形杂色和原始图像之间的混合操作。这些混合模式与时间轴窗口的"模式"列中的混合模式基本相同。

4.6.2 添加颗粒效果

从实际环境捕获的几乎每幅数字图像都包含颗粒或可视杂色，这些颗粒或可视杂色是由录制、编码、扫描或复制过程以及创建图像所用的设备造成的。通常，可将颗粒添加到图像以创建基调或等效元素，如将胶片颗粒添加到计算机生成的对象，使其合并到摄影场景中。

选择图层，然后选择"效果"→"杂色和颗粒"→"添加颗粒"命令。

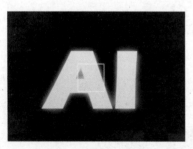

图 4-34 颗粒效果

添加颗粒效果可以均匀地在整个图像上生成颗粒，使其与场景更加匹配。每个颗粒效果均使用默认设置进行应用，并显示在预览查看模式中。此模式的预览区域以白色边界为框架，并居中显示在图像上。出于速度和比较的目的，预览区域将显示部分图像上的颗粒效果，如图 4-34 所示。

颗粒效果的操作几乎是全自动的，但也提供了许多控件，用于实现精确的结果。使用每个效果附带的大量"与原始图像混合"功能，还可以有选择地将颗粒效果应用到部分图像。其主要参数详解如下。

1. 查看模式

此控件中可以选择查看方法，包括预览、混合遮罩、最终输出三种方法。预览模式下，会在 200 像素 × 200 像素区域中显示应用效果的当前设置；混合遮罩下，显示当前颜色遮罩或蒙版，或是二者的组合，具体显示内容根据"与原始图像混合"控件组的当前设置生成；最终输出模式下，会使用效果的当前设置，渲染全部活动帧。

2. 预设

此控件中提供了不同的胶片类型，可以再生特定胶片或摄影材料的颗粒。这些选项中颗粒的大小和密度都有所不同，可以在预览框中看到效果。

3.预览区域

可以使用预览区域控件组来更改颗粒效果预览区域的位置或大小。

（1）在预览区域控件组中，单击"中心"按钮，十字线将居中放置在合成窗口中，在图像中单击预览区域的所需中心。预览区域将重新绘制，以新位置为中心。

（2）要更改预览区域的尺寸，可以将预览区域中的宽度和高度值更改为所需大小（以像素为单位），但要注意，预览区域越大，则渲染速度越慢。

（3）如果要描绘预览区域轮廓的颜色，可以选择"显示方框"。

（4）如果要更改轮廓颜色，可以在方框颜色旁单击色板，并在方框颜色对话框中选择颜色，或者单击吸管按钮，然后在屏幕上的任意位置单击一种颜色。

4.微调

要调整应用颗粒的强度和大小并引入模糊，可以在微调控件组中进行设置，此控件组中包括了颗粒的强度、大小、柔度和长宽比等属性。

5.颜色

要修改添加杂色的颜色，可以调整颜色控件组。此控件组中包括了将颗粒设置为单色，以及饱和度、色调量和色调颜色等选项。

6.应用

要定义生成杂色与目标图层颜色值合并的方式，可以在应用控件组中选择混合模式。另外，要调整添加到图像中的每个色调区域和中点的颗粒数量，可以修改应用控件组中的阴影、中间调、高光和中点的值。

7.动画

要为添加的颗粒设置动画，可以调整动画控件组中的属性，它们包括动画速度、动画流畅和随机植入。

8.与原始图像混合

此控件组可以对所需区域使用蒙版和遮罩，将颗粒效果精确应用到图像的特定区域。

任务实施

本任务我们将为影片制作带有科技感的线条动画，具体步骤如下。

步骤 1　制作分形杂色效果

（1）打开任务 4.1 创建的 AE 工程项目"LOGO 动画"，建立一个新的合成，命名为"背景线条"，合成尺寸设置为 1920 像素 × 1090 像素，持续时间为 8 秒，背景颜色设置为黑色。

（2）在图层菜单下选择"新建" → "纯色"命令，建立一个新的纯色图层，命名为"线条"，颜色选默认值即可。

（3）打开效果菜单，在杂色和颗粒组别中，选择分形杂色命令，为"线条"图层添加分形杂色效果。

（4）在分形杂色效果属性面板中，将分形类型设置为"基本"，杂色类型设置为"线性"。

（5）将对比度调到 200，亮度设置为 −60。

（6）展开变换属性组，取消统一缩放，将缩放宽度设为 12，缩放高度设为 3500。

步骤 2　制作变形效果

（1）为"线条"图层添加极坐标效果，将插值改为100%，转换类型设置为"矩形到极线"。此时，"线条"图层效果如图4-35所示。

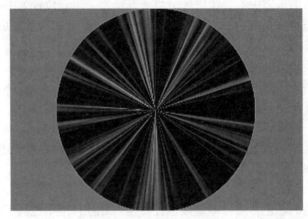

图4-35　极坐标效果

（2）将"线条"图层的缩放值设置为220%。

（3）将当前时间指示器转至第0秒，单击分形杂色的演化参数前面的码表，创建关键帧。再将当前时间指示器转至第3秒，将演化参数修改为1x＋0°，制作动态线条效果。

步骤 3　添加发光效果

选中"线条"图层，在风格化组别中，选择发光命令，为"线条"图层添加发光效果，将发光颜色改为"颜色 A 和颜色 B"，再将颜色 A 和颜色 B 的颜色分别设置为蓝色和黄色（也可以选择其他的颜色）。

这样，一个具有科技风格的动态线条动画就制作完毕了。

步骤 4　综合效果

（1）将"背景线条"合成放入 main 合成，并置于背景层上方，适当调整线条的位置，使其中心点与文字 LOGO 的中心点重合。

（2）将"背景线条"图层的模式设为屏幕，去除黑色的背景，只保留线条的部分，最终效果如图4-36所示。

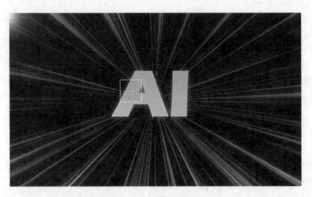

图4-36　最终效果

任务 4.7　外置插件设置

任务描述

林小敏在一家影视动画公司工作，她所在的部门这次负责某科幻电影的后期制作。林小敏负责视频片段的动画特效制作，她打算运用 P 粒子插件，制作带有科技感的光粒子动画特效。

知识准备

插件是 AE 重要的组成部分，虽然 AE 自带插件十分强大，但也需要调节很多参数，所生成的效果不够丰富和完美，适当借助其他一些公司或专家研发的插件，就可获得更多的视觉特效。

4.7.1　P 粒子插件

Red Giant 公司出品的 Trapcode Particular 是 AE 的一套 3D 粒子系统（以下简称 P 粒子插件），它可以产生各种各样的自然效果，像烟雾、云、雨雪、火、闪光等，也可以产生有机的和具有高科技风格的粒子图形效果，对于动态图形设计非常有用，是一款功能强大、应用广泛的粒子插件。

P 粒子插件需要安装才能使用。首先找到 AE 的安装目录，一般是在 C 盘，安装路径是：C:\Program Files\Adobe\Adobe After Effects 2021，在这个安装目录下，找到 "Support Files\Plug-ins\Effects"，将 P 粒子插件文件直接复制到 Effects 目录下，再重装启动 AE 就可以了。

展开 P 粒子插件的效果属性面板，由于它的参数繁多，所以被分成了几个面板，具体作用如下。

1. Emitter 面板

Emitter（粒子发射器）用于产生粒子，并设定粒子的大小、形状、类型、初始速度与方向等属性。这个面板中比较重要的参数有以下几项。

（1）Particles/sec：控制每秒钟产生的粒子数量，该选项可以通过设定关键帧设定来实现在不同的时间内产生的粒子数量。

（2）Emitter Type：设定粒子的类型。粒子类型主要有 Point、Box、Sphere、Grid、Light、Layer、Layer Grid 等。

（3）Position：设定产生粒子的三维空间坐标（可以设定关键帧）。

（4）Direction：用于控制粒子的运动方向。

（5）Velocity：用于设定新产生粒子的初始速度。

（6）Velocity Random：默认情况下，新产生的粒子的初始速度是相等的，可以通过该选项为新产生的粒子设定随机的初始速度。

（7）Emitter Size：当粒子发射器选择 Box、Sphere、Grid，以及 Light 时，设定粒子发射器的大小。对于 Layer 与 Layer Grid 粒子发射器，只能设定 Z 参数。

2. Particle 面板

Particle 参数组可以设定粒子的所有外在属性，如大小、不透明度、颜色，以及在整个生命周期内这些属性的变化。其主要的参数如下。

（1）Life [sec]：控制粒子的生命周期，该参数值以秒为单位。可以设定关键帧。

（2）Life Random [%]：为粒子的生命周期赋予一个随机值，这样就不会出现"同生共死"的情况。

（3）Particle Type：该粒子系统主要包括的粒子类型有球形（Sphere）、发光球形（Glow Sphere）、星形（Star）、云团（Cloudlet）、条纹（Streaklet），以及自定义形（Sprite）等。自定义类型（Sprite）是指用特定的层（可以是任何层）作为粒子，Sprite Colorize 类型在 Sprite 类型的基础上又增加了可以为粒子（层）根据其亮度信息来着色的能力，Sprite Fill 类型在 Sprite 类型的基础上又增加了为粒子（层）根据其 Alpha 通道来着色的能力。

（4）Size：控制粒子的大小。

（5）Size Random [%]：控制粒子大小的随机值，当该参数值不为 0 时，粒子发射器将会产生大小不等的粒子。

（6）Size over Life：控制粒子在整个生命周期内的大小。

（7）Opacity：控制粒子的透明属性。

（8）Opacity Random [%]：控制粒子透明的随机值，当该参数值不为 0 时，粒子发射器将产生透明程度不等的粒子。

（9）Opacity over Life：控制粒子在整个生命周期内透明属性的变化方式。

（10）Color：设定粒子的颜色。

（11）Color Random [%]：设定粒子颜色的随机变化范围，当该参数值不为 0 时，粒子的颜色将在所设定的范围内变化。

（12）Color over Life：决定了粒子在整个生命周期内颜色的变化方式。

3. Physics 面板

该面板中的参数主要用来控制粒子产生以后的运动属性，如重力、碰撞、干扰等。其主要的参数如下。

（1）Gravity：为粒子赋予一个重力系数，使粒子模拟真实世界下落的效果。

（2）Physics time factor：控制粒子在整个生命周期中的运动情况，可以使粒子加速或减速，也可以冻结或返回等，该参数可以设定关键帧。

（3）Air：用于模拟粒子通过空气的运动属性，在这里用户可以设置空气阻力、空气干扰等内容。

（4）Air Resistance：设置空气阻力，在模拟爆炸或烟花效果时非常有用。

（5）Wind：用来模拟风场，使粒子朝着风向进行运动。为了达到更加真实的效果，可以为该参数设定关键帧，增加旋转属性和增加干扰场来实现。

（6）Turbulence Field：为每个粒子赋予一个随机的运动速度，使它们看起来更加真实，对于创建火焰或烟雾类的特效尤其有用，而且渲染速度非常快。

4.7.2　Saber 插件

能量激光描边光效特效插件 Saber 由 Video Copilot 提供，主要用于 AE 中创造制作能量光束、光剑、激光、传送门、霓虹灯、闪电、电流、朦胧等多种效果。

Saber 效果一般应用到纯色图层，再选择图层蒙版或者文本作为路径进行描边，在此基础上添加发光、分形杂色等效果，从而创建各种光彩夺目的光效。在创建动画时，既可对 Saber 插件的属性设置关键帧，也可以对蒙版路径设置关键帧，因此动画的效果也是丰富多变的，经常用来进行片头文字的制作。

它的主要参数如下。

（1）预设（Preset）：提供了 20 多个效果预设以供选择。

（2）启用辉光（Enable Glow）：若取消勾选，则仅留下主体。

（3）辉光颜色（Glow Color）：用来设置辉光的颜色。

（4）辉光强度（Glow Intensity）：整体的发光强度。

（5）辉光扩散（Glow Spread）：光的发散强度。

（6）辉光偏差（Glow Bias）：调整发光和扩散的程度与范围。

（7）主体类型（Core Type）：Saber 可以选择 3 种主体类型作为蒙版路径，其中第一种为默认类型 Saber，是直接在应用 Saber 效果的图层生成一束光效；第二种为图层蒙版，是将应用 Saber 效果的图层中所有蒙版作为蒙版路径；第三种为文本图层，由文字自动生成蒙版路径。

（8）遮罩演变（Mask Evolution）：实质应该是偏移蒙版路径的第一顶点。如果为此属性添加关键帧或者表达式，可制作循环反复的动画。

（9）其他：开始偏移（Start Offset）、结束偏移（End Offset）、偏移大小（Offset Size）等属性可以添加关键帧或者表达式，制作文字、图形淡入、淡出的光效动画。

任务实施

科幻电影特效
制作三. mp4

本任务将为任务 4.6 所制作的 LOGO 动画制作光效，具体步骤如下。

步骤 1　建立发射器

（1）打开上一节创建的 AE 工程项目"LOGO 动画"，建立一个新的纯色图层，颜色为浅蓝色，图层命名为"发射器"，单击图层的 3D 开关，将此图层设为 3D 图层。

（2）展开"发射器"图层的旋转属性，将 x 轴向的旋转值设为 $-90°$。

（3）调整"发射器"图层的 y 坐标，将图层移至合成的底部。

步骤 2　建立光粒子

（1）新建一个纯色图层，命名为"粒子"，颜色为默认值。为"粒子"层添加 P 粒子效果。

（2）打开 P 粒子效果属性面板，在 Emitter 面板下，将 Particles/sec 改为 800，增加每秒钟生成的粒子数量。

（3）将 Emitter Type 设定为 Layer，即所有粒子从一个 3D 图层向外发射，并将 Layer Emitter（图层发射器）设为"发射器"图层。

（4）将 Direction 设置为 Directional（统一）的，使所有粒子运动的方向一致。

（5）在 Particle 面板中，将 Life 设为 4，Life Random [%] 设置为 50%，Size 设置为 5，Size Random 设置为 30%。

（6）展开 Opacity over Life，设置其形状，如图 4-37 所示。此项可为粒子设置淡出和

图 4-37　Opacity over Life 设置

闪烁效果。

步骤 3　制作拖尾效果

（1）在 Aux System 面板中，将 Emit 选项设置为 Continuously（持续的），该选项可为粒子产生持续的拖尾效果。

（2）在 Aux System 面板中，将 Particles/sec 改为 60，增加拖尾粒子的数量。

（3）为了制作出逐渐变小的拖尾效果，可以在 Aux System 面板中找到 Size over Life 选项。

注　意

在这里该选项决定的是拖尾粒子的大小，将其图形设置为下坡形。

步骤 4　制作宣传文字

（1）用横排文本工具，在合成中创建一个新的文本图层，输入：科技改变未来。文字颜色设置为白色，大小为 220 像素。在对齐面板中，将文字调整到合成窗口的正中央。

（2）将当前时间指示器转至第 3 秒，将文字的不透明度设为 0，并单击不透明度前面的码表，创建一个关键帧。

（3）再将当前时间指示器转至第 3 秒第 15 帧，将文字的不透明度设为 100%，制作一个文字的淡入效果。

（4）同时选中文字层、发射器和粒子层，按下 Alt + [组合键，将它们的时间入点设置为第 3 秒，使它们与前面的动画衔接。

最终效果如图 4-38 所示。

图 4-38　最终效果

拓展动画.mp4

☑ **任务拓展**

本任务将为"中国少年说"节目制作动态 LOGO 效果，具体步骤如下。

步骤 1　添加 Saber 效果

（1）新建项目，将其命名为"中国少年说"，导入一张图片"篆体 .png"，拖动图片到"新建合成"按钮上，生成一个新的合成，并将其命名为 SABER，持续时间为 6 秒。

（2）作为一款功能强大且使用方便的插件，Saber 是可以直接作用于文字图层的。

（3）单击工具栏上的横排文本工具，输入"中国少年说"，字号设为 380，字体选择"华文行楷"。

（4）新建纯色图层，单击"效果"菜单下的 Video Copilot，选择 Saber 插件。

（5）打开 Saber 效果属性面板，将"预设"设为"能源"，主体类型设为文字图层，文字图层选择"中国少年说"，这样 Saber 会以文字边框作为效果的轮廓，如图 4-39 所示。

图 4-39　Saber 效果

这样的文字效果已经很不错了，但还可以再做一点改进。

步骤 2　设置蒙版

（1）将素材图片"篆体 .png"放入合成中。

（2）把蒙版的应用加进来。以"中"字为例，在素材图层上方建立一个纯色图层，将其命名为 01。单击 01 图层前面的小眼睛，将该图层隐藏，再选中这个图层，用钢笔工具沿着中字绘制蒙版。

（3）为 01 图层添加 Saber 效果，将"预设"设为简单橙色，主体类型设为遮罩图层，这样 Saber 会以蒙版的路径作为效果的轮廓。

（4）再用同样的方法，分别建立 02 图层至 05 图层，分别用来绘制其余四个字的蒙版，并添加 Saber 效果，如图 4-40 所示。

对比之前直接将 Saber 效果应用于文字图层，这样使用蒙版制作的是文字填充部分的效果，更加具有中国古文的韵味。

步骤 3　制作动态效果

下面我们再来为这个文字 LOGO 制作动态效果。

（1）Saber 插件的很多属性参数前面都有码表，表示这些属性上都可以创建关键帧。但是比较常用的是辉光强度、辉光扩散、开始偏移和结束偏移这几个参数。

（2）我们可以同时选中 01 图层至 05 图层，将当前时间指示器转至第 0 秒，将结束偏移参数设置为 0，单击开始偏移前的码表，创建一个关键帧。

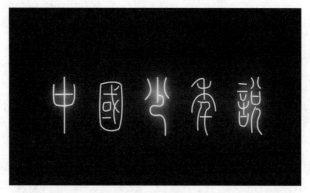

图 4-40　Saber 蒙版设置

（3）再将当前时间指示器转至第 15 帧，将开始偏移参数设置为 0，创建第二个关键帧，这样我们就制作了一个带 Saber 特效的写字效果，如图 4-41 所示。

图 4-41　最终效果

最后，将五个图层的开始时间调整一下，让文字依次出现。

能力自测

一、选择题

1. 以下（　　　）效果不属于风格化效果组。

  A. 发光　　　　　　　　B. 马赛克　　　　　　　　C. 毛边　　　　　　　　D. 线性擦除

2. 下面（　　　）效果可以模拟在玻璃上擦除图层的动画效果。

  A. CCGridWipe　　　　　B. CCGlassWipe　　　　　C. 百叶窗　　　　　　　D. 线性擦除

3. 在扭曲效果组中，（　　　）效果经常用来制作流光效果、动态圆环图案等。

  A. 极坐标　　　　　　　B. 波形变形　　　　　　　C. 漩涡条纹　　　　　　D. 边角定位

4. （　　　）类型不属于分形杂色效果的分形类型。

  A. 基本　　　　　　　　B. 湍流平滑　　　　　　　C. 条纹　　　　　　　　D. 湍流锐化

5. （　　　）效果可以模拟云雾、火焰、熔岩、蒸汽或流水等事物，是一个有着强大效果的常用特效。

  A. 镜头光晕　　　　　B. 查找边缘　　　　　　C. 添加颗粒　　　　　D. 分形杂色

6.（　　）通道模式不在"通道模糊"效果中。

  A. 红色通道　　　　　B. 绿色通道　　　　　　C. 黄色通道　　　　　D. Alpha 通道

7. 关于 Particular 粒子插件，以下（　　）说法不正确。

  A. 粒子的大小、不透明度、颜色均可修改

  B. 粒子发射类型包括有 Point、Box、Sphere 等

  C. 可以为粒子赋予一个重力系数，模拟风向和下落效果

  D. 粒子只可以用于二维空间，不具备三维空间的属性

8. 关于 Saber 插件，（　　）说法不正确。

  A. Saber 效果一般应用到纯色图层

  B. Saber 主要用于创建各种光彩夺目的光效

  C. 不可以选择文本图层作为主体类型

  D. 可以选择图层的蒙版作为主体类型

二、填空题

  1. _____是一种比较常用的内置效果，它属于_____插件组，经常用来模拟文字或图像的发光效果。

  2. 发光效果的阈值：数值_____时，只有高亮的部分发光；数值_____时，亮度较暗的部分也能发光。

  3. _____可以将影像特定区域的色阶细节劣化并造成色块打乱的效果，可以通过它的_____和_____这两个参数，设置水平方向和垂直方向的色块数量。

  4. 毛边效果经常用该滤镜来给文字、形状和图像添加_____的效果。

  5. 展开曲线图层，单击图层下方的添加按钮，选择_____命令，可以为图层添加线条的修剪效果。

  6. 快速方框模糊的主要参数：_____、_____、_____。

  7. 在_____效果组中，可以找到_____命令，该效果主要用于制作文字、形状和背景的颜色渐变。

  8. _____效果可以在画面上添加类似波纹的动态扭曲效果。

单元5

三维图层与表达式

📖 单元引言

　　After Effects 不仅可以在二维空间创建合成效果，它也可以与三维软件相结合，制作出非常精彩的三维合成特效。因此，3D 模型的应用是 After Effects 非常重要的一个内容。当然，与专业的三维软件相比较，After Effects 无法创建真实的三维立体空间，但是它支持 3D 模型的导入，并提供了二维空间和三维空间的模式转换，同时也可以通过摄像机、灯光等效果来模拟三维空间效果。

　　在前面的单元中，已经介绍过制作关键帧动画的方法，这些方法也同样适用于 3D 图层。但值得注意的是，在某些情况下用关键帧往往较难达到预期的动画效果，例如抖动态效果、随机效果等，此时就可以用表达式来实现。本单元将通过一些典型案例，介绍 After Effects 三维空间的相关知识，以及几种常用表达式的应用方法。

🖊 学习目标

知识目标

- 熟悉三维图层特点和属性设置。
- 掌握三维空间视图的基本操作。
- 掌握摄像机和灯光图层的创建及应用。
- 掌握常用表达式的应用设置。

💡 能力目标

- 掌握三维图层及表达式的操作技巧，全面提高学生的实践、审美和创新能力。
- 能够在影视作品中，灵活运用三维图层相关的知识和表达式，制作视频特效和动画。

素养目标

- 适应影视后期设计师工作需求，树立并践行社会主义核心价值观。
- 通过学习具有中国文化和优秀传统的主题案例，坚定文化自信，为民族影视业的发展储备力量。

项目重难点

项目内容	工作任务	建议学时	重 难 点	重要程度
运用 3D 图层与表达式制作动画特效	任务 5.1 3D 图层设置	2	了解 3D 图层的特点，掌握基本操作	★★★☆☆
	任务 5.2 摄像机设置	4	了解摄像机图层的创建方法及参数设置	★★★★★
	任务 5.3 灯光效果设置	2	掌握灯光图层的编辑方法和应用技巧	★★★★☆
	任务 5.4 表达式应用	2	掌握几种常见表达的应用	★★★★☆

任务 5.1　3D 图层设置

任务描述

　　林东在一家影视动画公司工作，负责影视作品的后期制作。他所在的部门接到一个任务：为某历史节目做栏目包装。林东负责栏目的片头制作，他打算运用 AE 三维图层的知识，建立三维场景，通过三维图层的位置变化制作具有立体空间感的片头效果。

知识准备

5.1.1　建立 3D 图层

　　在 After Effects 中，除了声音图层之外，每一个图层后面都有一个三维空间开关。建立图层时，一般默认为二维图层，但如果激活图层的三维空间开关，就可以将其转换为 3D 图层，就具有三维空间的属性。例如，在图层的位置、锚点、旋转等属性上都增加了 z 轴方向，可以受到摄像机和灯光的影响，具有投影功能等。

　　如果要将 3D 图层转换为 2D 图层，可以在时间轴窗口中取消选择图层的"3D 图层"开关，或选择图层，然后选择"图层"→"3D 图层"命令。此时，图层的 y 轴旋转、x 轴旋转、方向、材质选项属性将被删除，同时删除这些属性的所有值、关键帧和表达式。"锚点""位置""缩放"属性与其关键帧和表达式依然存在，但其 z 值被隐藏和忽略。

对于文本图层，除了可以用 3D 图层开关将其转换为三维图层，还可以选择文本图层下方的"动画"→"启用逐字 3D 化"命令，将文本的每个字符转换为 3D 子图层，每个子图层都配有各自的 3D 属性，其行为类似于每个字符包含 3D 图层的预合成。

5.1.2 三维图层属性

将图层转换为三维图层后，展开它的变换属性，可以看到其中的位置属性、缩放属性、方向属性等，相较之前都多出 z 轴方向的参数信息，另外还增加了一个"材质选项"的属性，可以指定图层与光照和阴影交互的方式。

将图层的旋转属性展开，调整其旋转值使其沿着 x 轴或 y 轴旋转一定的角度，视觉上可产生近大远小的三维空间效果，如图 5-1 所示。

图 5-1　三维文字效果

默认情况下，3D 图层的深度（z 轴坐标）为 0.0。在 After Effects 中，坐标系统的原点在左上角，x（宽度）值自左至右增加，y（高度）自上至下增加，z（深度）自近至远增加。

展开三维图层的材质选项，可以设置投影、接受阴影、接受灯光、环境和漫射等参数值，所有的这些参数都会给三维图层赋予一定的材质感，如金属或者纸张，同时也可以产生灯光照射的效果。相对于一般的三维软件中的 3D 图层，AE 的三维图层并非真正意义上的立体空间呈现，因此从某些角度进行观察时，会出现"穿帮"的现象。它的三维功能相对简单，不能设置材质和贴图等，只能设置图层对光的反射亮度及阴影效果等。

5.1.3 编辑 3D 图层

1. 显示或隐藏 3D 轴和图层控制

单击三维图层时，会显示 3D 轴，它是由不同颜色标志的箭头组成，其中 x 为红色，y 为绿色，z 为蓝色。

如果需要显示或隐藏 3D 轴及其他的图层控件，可以在菜单栏中选择"视图"→"显示图层控件"命令。

有时候，图层要操作的轴可能会比较难以查看。如在正面视图中，z 轴就不太好操作。此时可以在合成窗口底部的"选择视图布局"选项中切换到其他的视角，从而方便进行轴向的操作。

另外，AE 中还为三维图层提供了 3D 参考轴，如果需要显示 3D 参考轴，可以单击合成窗口底部的"网格和参考线选项"按钮，然后选择"3D 参考轴"，合成窗口的左下角就会出现 3D 参考轴的图标，可以在编辑 3D 图层时作为方向的参照。

2. 移动 3D 图层

如果需要移动某个 3D 图层，可以先选择该图层，然后在合成窗口中，使用选择工具，根据图层的移动轴向，拖动"3D 轴"中对应的方向箭头。此时可以按住 Shift 键拖动，可以更快速地移动图层。

也可以在时间轴窗口中，直接修改图层的位置属性值。

例如，将某三维文字图层的位置属性展开，将 z 轴坐标值调大，此时图层上的文字会变小，视觉上具有向远处移动的三维空间效果，如图 5-2 所示。

图 5-2　调整 z 轴坐标

3. 修改方向和旋转值

在制作图层动画时，如果需要转动 3D 图层，可以通过更改图层的方向或旋转值来实现。

但是这两种属性在图层移动方面存在一定的差异。在对 3D 图层的方向属性进行动画制作时，图层将会尽可能地直接转动到指定方向。而在对 x 旋转、y 旋转或 z 旋转属性中的任何一个进行动画制作时，图层会根据各个属性值沿着各个轴旋转。方向值指定角度目标，而旋转值指定角度路线。

为方向属性设置动画通常能更好地实现自然平滑的运动，而为旋转属性设置动画可提供更精确的控制。

4. 运用旋转工具

在合成窗口中，可以通过 3D 轴图层控件进行 3D 图层的旋转。

先选中要旋转的图层，然后来确定要转动的轴向。将光标移动到 3D 轴图层控件的弧线上，此时会显示旋转的轴向。例如，如果光标停留在蓝色的 z 轴手柄上，弧线上会显示 z 字样，此时拖动边角手柄可以使围绕 z 轴转动图层。在转动时，如果按住 Shift 键并拖动，可将操作限制为 45° 增量。

另外，在 After Effects 中为三维图层提供了专门的旋转工具，而且可以选择三种不同的旋转模式：绕光标旋转、绕场景旋转和绕相机信息点旋转。当选中某个 3D 图层时，可以在工具栏中选择旋转，然后沿着设定的轴向进行旋转即可。

5.1.4 三维空间视图

如同三维软件一样，在制作三维空间效果时，从单一视角进行观察容易导致视觉误差，无法正确判断当前三维对象的具体空间状态，因此往往需要借助更多的视图作为参照，从而得知精准的空间位置。

After Effects 提供了多种视图方式，可以同时多角度观看三维空间，通过合成窗口中的"选定视图方案"下拉式菜单中进行选择，默认视图为"活动摄像机"。除此之外，还有如正面、左右侧、顶部或者底部等正交视图，也可以选择自定义视图。

在自定义视图中，可以按住 Alt + 鼠标左键来随意调整观察的角度，并被记录在当前自定义视图中。

单击合成窗口下方的"视图布局"，展开下拉菜单，可以进行多视图模式的选择。虽然 After Effects 中提供了四视图模式，但由于它的三维空间并非真正完整的三维空间，即使是三维图层，也并没有厚度，而只是一个片状的图层，从顶视图中观察的话，所有的三维图层在默认状态下都是一条线。因此很少需要从四视图去进行观察。一般情况下，选择两个视图进行观察即可。

下面创建一个新的合成，导入一张图片放入合成中，并将该图片层命名为"背景"，再创建一个星型形状，将这个形状图层命名为 star，将两个图层都设置为三维图层。

单击合成窗口下方的视图布局，选择两个视图。单击左侧视图，将观察角度设置为"顶部"。单击右侧视图，将观察角度设置为"活动摄像机"。可以看到，在顶部视图中，两个图层均显示为一条线，且处于同一纵深位置（z 坐标）。

调小 star 层的 z 坐标，调大"背景"图层的 z 坐标，变化如图 5-3 所示。

图 5-3　顶部视图与活动摄像机视图

可以看到，在顶部视图中，代表两个图层的线已经处于不同的纵深位置（z 坐标）。从正面观察，背景层变小，星星变大，符合近大远小的透视原理。

任务实施

本任务将为某历史类节目制作片头。为了贴合视频主题，选择了中国风的图像素材，并运用 AE 三维图层的知识，通过图层位置变化制作具有立体空间感的片头效果。

三维历史
片头制作.mp4

步骤 1　导入素材

（1）新建一个 AE 工程项目，命名为"历史片头"。

（2）导入素材"中国山水 .png"和"国潮背景 .psd"。与一般的图片素材有所区别的是，在导入 PSD 格式的图片时，会弹出对话框，可选择导入方式，如图 5-4 所示。

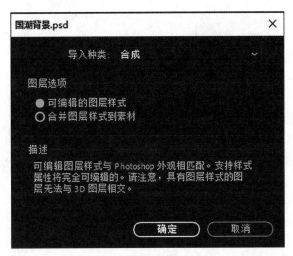

图 5-4　PSD 图片导入

（3）如果 AE 并没有询问导入方式，那就需要在 Photoshop 中将图像模式调整为"RGB 模式"即可以正常导入，也能看到弹出窗口了。

（4）在 PSD 图片导入对话框中，如果选择导入种类为素材，可以把所有图层都合并为一张图片导入，或者单独选择 PSD 中的一个图层作为图片导入，同时还可以选择是否保留 PSD 文件中的图层样式。本次任务选择导入种类为合成，图层选项为"可编辑的图层样式"，将 PSD 图片分层导入，并且使 PSD 文件中的图层样式可在 AE 中进行编辑，同时生成一个与 PSD 图片同样大小的名为"国潮背景"的合成。

（5）在项目窗口中，右击"国潮背景"合成，在弹出的合成设置对话框中，将其尺寸修改为 1920 像素 ×1080 像素，持续时间设置为 10 秒。调整完后，要注意调整背景及所有图层的位置，以保证画面与之前基本一致。

步骤 2　调整图层

（1）在项目窗口中，双击"国潮背景"合成，进入编辑状态。

（2）将图层 0 重命名为底图，选中该图层，按下 Ctrl + Alt + F 组合键，使其大小与合成一致。

（3）将图层 8 重命名为底图"背景下"，并向下移动至与合成窗口底部齐平。

（4）将图层 9 重命名为底图"背景上"，并向上移动至与合成窗口顶部齐平。

（5）在"背景上"图层上方，建立一个新的纯色图层，颜色为淡绿色。选择工具栏中的矩形工具，为此图层的下方约四分之一处绘制一个矩形遮罩，将图层命名为"湖面"。

（6）按下 F 键，显示遮罩的羽化值，调整数值为 400，柔化遮罩的边缘。

（7）将"中国山水"图片放入合成中，并将其改名为"松树"。用钢笔工具为其绘制一个遮罩，截取图片的一部分，缩小图片至 50%，整体效果如图 5-5 所示。

图 5-5　"国潮背景"合成

步骤 3　创建"远山"动画

（1）选择"远山"图层，单击 3D 图层开关，将其转换为一个三维图层。

（2）为了使远山的色调与背景更为融合，可以为其添加一个填充效果，并用吸管工具吸取背景中的橙色。

（3）由于远山的宽度有限，在后面做动画的时候会产生断层。因此需要为其添加一个动态拼贴效果，此效果可以通过运动模糊进行图片的拼贴。

（4）在效果和预设面板中，搜索动态拼贴效果，并双击效果名称，为远山图层添加此效果。在动态拼贴参数面板中，将输出宽度设置为 200。调整输出宽度，可以改变图片的拼贴宽度，将其进行水平扩展。

（5）将当前时间指示器转至第 0 秒，单击"远山"图层的位置属性前的秒表图标，在此处创建一个关键帧。同时，将图层的 z 坐标数值调整为 500，使远山在纵深上变得较远。

（6）将当前时间指示器转至第 3 秒，将图层的 z 坐标数值调整为 200，使远山的位置变得更近一些，这样一个远山从远至近的动画效果就制作完毕了。

步骤 4　制作近山倒影效果

（1）选择"山 01"图层，将其改名为"近山"。

（2）按下 Ctrl + Shift + C 组合键，将其转换为一个预合成，名字保持默认，与图层一致即可。

（3）进入预合成，将"近山"图层复制一份，并将其命名为"倒影"。

（4）展开"倒影"图层的"旋转属性"，将 x 轴旋转改为 + 180 度，使其垂直翻转，并将图层的不透明度调整为 20%。调整图层位置，使成为近山的倒影，如图 5-6 所示。

图 5-6　近山的倒影效果

步骤5　制作近山动态效果

（1）选择"近山"图层，单击3D图层开关，将其转换为一个三维图层。

（2）将当前时间指示器转至第0秒，单击"近山"图层位置属性前的秒表图标，在此处创建一个关键帧。同时，将图层的 z 坐标数值调整为300，让近山在纵深上变得较远。

（3）将当前时间指示器转至第3秒，将图层的 z 坐标数值调整为100，使近山的位置变得近一些，这样一个近山从远至近的动画效果就制作完毕了。

（4）此时预览动画，可以看到画面从远景移到近景的动画效果，如图5-7所示。

图5-7　最终效果

任务 5.2　摄像机设置

📇 任务描述

林东在一家影视动画公司工作，负责影视作品的后期制作。他所在的部门接到一个任务：为某历史类节目做栏目包装。林东负责栏目的片头制作，他打算运用AE三维图层的知识，为三维场景创建摄像机，并通过摄像机的参数变化制作镜头推移的动画效果。

📘 知识准备

5.2.1　摄像机原理

要模拟三维空间效果，摄像机的创建是必不可少的。当一个三维场景搭建好后，如果需要制作动态效果，这时要做的不是去移动场景，而是创建一台摄像机，通过调整它的参数来产生视觉上的动态效果。可以使用摄像机图层从任何角度和距离查看3D图层。就像在现实世界中一样，在场景之中和周围移动摄像机，要比移动和旋转场景本身容易，所以最好通过设置摄像机图层并在合成中来回移动它来获得合成的不同视角。

摄像机仅影响其效果具有"合成摄像机"属性的3D图层和2D图层。使用具有"合成摄像机"属性的效果，可以使用活动合成摄像机或光照来从各种角度查看或照亮效果以模拟更复杂的3D效果。

当某个合成具有合成摄像机属性时，可以选择通过活动摄像机或通过指定的自定义摄像机来查看它。活动摄像机是时间轴窗口中在当前时间为其选择了视频开关的最顶端摄像机，而活动摄像机视图则是用于创建最终输出和嵌套合成的视角。如果没有创建自定义摄像机，则活动摄像机与默认合成视图相同。

5.2.2 创建摄像机图层

在图层菜单下选择"新建"→"摄像机"命令，或按下 Ctrl + Shift + Alt + C 组合键，弹出摄像机设置对话框，如图 5-8 所示。

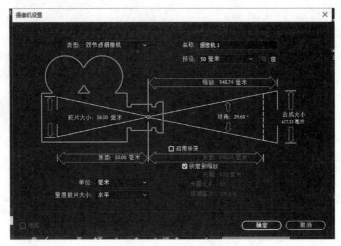

图 5-8　摄像机设置

摄像机设置对话框提供了模拟真实摄像机镜头的参数选项，如摄像机类型、名称、焦距、量度胶片大小等，其详细介绍如下。

1. 类型

单节点摄像机或双节点摄像机。单节点摄像机围绕自身定向，而双节点摄像机具有目标点并围绕该点定向。

2. 摄像机的名称

默认情况下，在合成中创建的第一个摄像机默认名称为"摄像机 1"，并且所有后续创建的摄像机都按升序编号，可以为多个摄像机设置不同的名称以便区分它们。

3. 预设

要使用的摄像机设置的类型。预设根据焦距命名，每个预设旨在表示具有特定焦距的镜头。因此，预设还可设定"视角""缩放""焦距"和"光圈"值。默认预设为 50 mm，可以通过为任何参数指定新值来创建自定义摄像机。单击预设后面的下拉菜单，可以选择摄像机镜头种类，其中比较常用的有以下几种。

（1）标准的 50 mm 镜头。最接近人眼观察效果的镜头。一般情况下，在预设中选择标准的 35 mm 或 50 mm 镜头即可。

（2）15 mm 广角镜头。提供极大的视野范围，类似于鹰眼的观察效果，能看到很广阔的空间，但是也容易产生透视变形。

（3）200 mm 长焦镜头。可以将远处的对象拉近，视野范围比较小，但是几乎不会产生变形。

4. 焦距

焦距也称为焦长，是光学系统中度量光的聚集或发散的方式，指的是从透镜中心到光线聚集点（焦点）的距离，简单来说就是焦点到摄像机面镜的中心点之间的距离。

5. 视角

在图像中捕获的场景的宽度。焦距、胶片大小和变焦值可确定视角，较广的视角创建与广角镜头相同的结果。

6. 启用景深

启用景深后，可以对光圈、光圈大小和模糊层次进行设置，应用自定义变量。使用这些变量，可以操作景深来创建更逼真的摄像机聚焦效果。

7. 胶片大小

胶片曝光区域的大小，它直接与合成大小相关。在修改胶片大小时，变焦值会更改以匹配真实摄像机的透视性。

5.2.3　摄像机工具

1. 旋转工具

当创建了摄像机以后，可以通过调整摄像机图层的参数来设置动画。但一般情况下，通过摄像机工具来驱动摄像机会更加方便。在 After Effects 2021 中，在"绕相机信息点旋转工具"上长按鼠标，会弹出摄像机移动工具的选项，如图 5-9 所示。

图 5-9　绕相机信息点旋转工具

三种旋转工具的作用如下。

（1）绕光标旋转工具：围绕光标位置的旋转摄像机。

（2）绕场景旋转工具：围绕合成中心移动摄像机。

（3）绕相机信息点旋转：围绕摄像机的目标点旋转摄像机。

选择任一种摄像机旋转工具后，右侧会出现三个选项：自由形式、水平约束与垂直约束。后两种模式将对旋转的角度进行一定的限制。

2. 移动工具

在"在光标下移动工具"上长按鼠标，会弹出其他摄像机移动工具的选项，如图 5-10 所示。

图 5-10　摄像机移动工具选项

移动工具分为两种，其作用如下。

（1）在光标下移动工具：摄像机根据光标位置进行平移，平移速度相对光标单击位置发生变化。

（2）平移摄像机 POI 工具：通过平移摄像机的目标点来控制摄像机移动，平移速度相对于摄像机的目标点保持恒定。

3. 推拉工具

在"向光标方向推拉镜头工具"上长按鼠标，如图 5-11 所示，会弹出其他摄像机推位工具的选项。

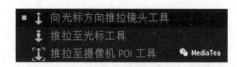

图 5-11　多种摄像机推拉工具

推拉工具分为三种，其作用如下。

（1）向光标方向推拉镜头工具：默认设置，将镜头从合成中心推向光标单击位置，以光标移动方向来前后推拉镜头，目标点不变，摄像机位置会变化。

（2）推拉至光标工具：针对光标单击位置推拉撬头。目标点和摄像机位置均会发生变化。

（3）推拉至摄像机 POI 工具：针对摄像机目标点推拉撬头。目标点不变，摄像机位置会变化。

按 C 键可以切换这 3 种工具。无论使用哪一种摄像机工具，其本质都是在调整摄像机的目标点和位置参数。所以，如果需要创建摄像机动画，就需要在这两个参数上设置关键帧。

5.2.4　摄像机选项

在制作摄像机动画的过程中，为了让场景变化显得更加真实和清晰，经常会需要进行对焦操作，即对摄影机的景深、焦距和光圈等参数进行调整。

1. 景深

展开摄像机选项，可以看到景深默认为关闭状态。若不启用景深，光圈档位与模糊层次均不可调，但光圈的半径大小可能会随着镜头焦距的变化而变化。启用景深之后，会激活下面的焦距、光圈及模糊层次等参数，从而控制画面的清晰区域与模糊区域，创建真实的聚焦效果。

影响景深的三个属性是焦距、光圈和焦点距离。浅（小）景深是长焦距、短焦点距离和较大光圈（较小 F-stop）的结果。较浅的景深意味着较大的景深模糊效果。浅景深的对立面是深焦点，这意味着较小的景深模糊，因为更多处于焦点中。

2. 焦距

摄像机图层选项中的焦距参数指的是摄像机到聚焦平面的距离。调整此参数，则对焦平面跟随变化。因此，在摄像机动画中，可以通过焦距参数的变化来控制画面的焦距中心。

3. 光圈

光圈越大，光圈档位就会越低，景深会越浅。处于对焦平面之外的物体会产生较强的模糊效果。光圈档位越小，光圈就越大，景深会越浅，脱焦平面的模糊效果较弱。

4. 模糊层次

图像中景深模糊的程度。设置为 100% 将创建自然模糊。降低值可减少模糊。

5.2.5　摄像机命令

After Effects 为摄像机图层提供了几种特定的摄像机命令，要使用这些命令，可以选择摄像机图层，然后选择"图层"→"摄像机"命令，它包括以下选项。

（1）创建立体 3D 设备。此命令可以为当前合成创建 3D 立体效果，执行命令后会在当前合成的基础上创建左、右眼合成和立体 3D 合成，每个合成都可以单独进行编辑。可以使用具有红绿色镜片或红蓝色镜片的 3D 眼镜，立体查看生成的图像。

（2）创建空轨道。此命令可以为摄像机创建一个空对象图层作为它的父级，该图层通常用来控制摄像机的运动，例如位置和方向的变化等。

（3）将焦距链接到目标点。此命令可以在摄像机图层的焦距属性上创建一个表达式，将该属性的值设置为摄像机与其目标点之间的距离。

（4）将焦距链接到图层。此命令同样可以在摄像机图层的焦距属性上创建一个表达式，属性的值为摄像机位置与另一图层之间的距离，此方法允许焦点自动跟随其他图层。

（5）将焦距设置为图层。将当前时间的焦距属性的值设置为当前时间摄像机与选定图层之间的距离。

任务实施

本任务将对"历史片头"项目进行修改，创建摄像机并制作镜头推移动画。

步骤 1　修改工程

（1）打开任务 5-1 创建的项目"历史片头"，在项目窗口中双击"国潮背景"。

（2）选中所有的三维图层，按 U 键展开位置属性。可以看到，之前在三维图层的位置属性上都设置了关键帧，以实现从远到近的镜头效果。但是这样制作的动画，后期修改比较麻烦，而且所有图层的位置调整比较难达到统一的效果，所以本任务中将使用摄像机的参数变化来代替图层的属性变化。

（3）单击所有三维图层位置属性前面的码表，删除掉属性上所有的关键帧。

步骤 2　调整图层

（1）将"远山"图层的 z 坐标设置为 500，缩放值设置为 80%。

（2）将"近山"图层的 z 坐标设置为 600，缩放值设置为 70%。

（3）将"近山"图层的 z 坐标设置为 300，缩放值设置为 90%。

（4）调整各个图层的位置，使其错落有致。

步骤 3　创建摄像机

（1）创建一个 50 mm 的摄像机，选择该摄像机图层，然后选择"图层"→"摄像机"→"创建空轨道"命令，通过这个空对象图层来控制摄像机的运动。

（2）将当前时间指示器转至第 0 秒，单击空对象图层位置属性前的码表，在此处创建关键帧。

（3）再将当前时间指示器转至第 3 秒，单击空对象图层位置属性前的码表，在此处创建关键帧，并将空对象图层的 z 坐标设置为 500。

（4）此时可按空格键进行预览，可以看到产生了一个远景推到近景的摄像机动画。但是由于没有进行对焦，画面的聚焦效果不好。

步骤 4　制作景深效果

（1）选择摄像机图层，展开图层的摄像机选项，启用景深，并将光圈调到 1000。

（2）将当前时间指示器转至第 0 秒，单击一下焦距属性前的码表，修改焦距值，将聚焦平面的位置调整到"近山"图层处，此时会在焦距参数上创建关键帧。在顶部视图中，可以看到焦距平面与"近山"图层处于同一水平线；而从正面观察，近山非常清晰，远山和松树则较为模糊。

（3）将当前时间指示器转至第 3 秒，修改焦距属性值，将聚焦的位置调整到"远山"图层处，在顶部视图中，可以看到焦距平面与"远山"图层处于同一水平线，而从正面观察，远山和松树变得清晰，近山则变得较为模糊。

（4）预览动画，可以看到在从远景移到近景动画过程中，远山先为脱焦模糊效果，后过渡为对焦效果（摄像机对焦于"远山"图层），这样画面的变化显得更加的逼真，动画也更有层次变化，如图 5-12 所示。

图 5-12　最终效果

任务 5.3　灯光效果设置

任务描述

林东在一家影视动画公司工作，负责影视作品的后期制作。他所在的部门接到一个任务——为某历史类节目做栏目包装。林东需要为栏目制作转场效果，他打算运用 AE 三维图层的知识，为三维场景创建灯光效果，并通过灯光参数变化制作光线的明暗变化效果。

知识准备

要模拟真实的三维空间，光影的效果是必不可少的。在 AE 中可以通过创建灯光图层来照明三维场景，并可以像现实中的灯光一样对它的属性进行设置，下面将介绍灯光层的创建和设置。

5.3.1　灯光的创建

在图层菜单下选择"新建"→"灯光"命令，或按下 Ctrl + Shift + Alt + C 组合键，弹出灯光设置对话框，可以设置灯光的名称、强度、颜色和类型等。在 AE 中，灯光的类型包括平行光、聚光灯、点光源、环境光四种。

1. 平行光

平行光可以理解为太阳光，光照范围无限，照亮场景中的任何地方且光照强度无衰减，可产生阴影，并且有方向性，如图 5-13 所示。

图 5-13　平行光效果

2. 聚光灯

圆锥形发射光线，根据圆锥的角度确定照射范围，可通过圆锥角度调整范围，这种光容易生成有光区域和无光区域，同样具有阴影和方向性。可以模拟类似台灯、舞台灯光的效果，如图 5-14 所示。

图 5-14　聚光灯效果

3. 点光源

点光源从一个点向四周 360° 发射光线，随着对象与光源距离不同，受到的照射程度也不同，这种灯光也会产生阴影。可以用来模拟类似灯泡的光效，如图 5-15 所示。

图 5-15　点光源效果

4. 环境光

环境光没有发射点，没有方向性，也不会产生阴影，通过它可以调整整个画面的亮度，通常和其他灯光配合使用，如图 5-16 所示。

图 5-16　环境光效果

5.3.2　光影设置

在真实的 3D 空间中，灯光必然是会在图层上产生投影效果的。要创造真实的光影效果，需要同时开启照明的灯光以及三维图层的投影属性。展开灯光的灯光选项，将投影设置为开。

为了观察灯光的投影效果，新建一个灰色的纯色图层，将其命名为"背景"，并打开其三维开关，将这个图层设为三维图层。

再新建一个圆形，将这个形状图层命名为"圆"，打开其三维开关，设为三维图层。

将"圆"图层的 z 坐标调小为 -300，让圆位于背景的前方。

创建一个点光源，类型设置为点，颜色设置为蓝色，勾选投影选项。

打开"圆"图层的材质选项，将投影设置为开的状态。此时，圆形会在背景层上产生一个阴影效果，如图 5-17 所示。

图 5-17　设置阴影效果

▦ 任务实施

步骤 1　创建地板效果

（1）新建一个项目工程，命名为"历史转场"。新建一个合成，命名为"三维文字"，大小为 1920 像素 × 1080 像素，持续时间设置为 5 秒。

三维历史文
字制作 .mp4

（2）导入本书配套资源文件夹 5-4 中的素材 newspaper.jpg，将素材放入合成中，将素材图层命名为"地板"，将三维开关打开，展开它的旋转属性，将其 x 旋转设置为 90°，再将图片稍微向下移动一点，该图片用来模拟地面效果。

步骤 2　创建三维文字

（1）创建一个文本图层，输入文字：历史 . 传承。字体选择"隶书"，字号为 188，颜色设置为浅灰色。

（2）打开文字图层的三维开关，将其转换为一个三维图层。

（3）切换到右侧视图模式，将文字向上移动，直至其底端与地板齐平。

步骤 3　创建摄像机动画

（1）新建一个 35 mm 摄像机，通过摄像机工具调整摄像机的角度和位置，直至角度为俯视文字，如图 5-18 所示。

图 5-18　摄像机视角设置

（2）将当前时间指示器转至第 0 秒，展开摄像机的变换属性，单击目标点和位置前的码表，创建关键帧。再将当前时间指示器转至第 20 帧，通过摄像机工具调整摄像机的角度和位置，将其文字拉近。

（3）再将当前时间指示器转至第 4 秒，再次通过摄像机工具调整摄像机的角度和位置，如图 5-19 所示。

图 5-19　角度调整

此时，可以按空格键预览一下效果，可以看到一个有角度和位置变化的摄像机动画已经创建好了。

步骤 4　光影效果设置

（1）接下来设置光影效果，先将文字颜色改为白色，再为其添加一个发光的效果，发光阈值设为 55%，发光半径改为 60。

（2）展开文字图层的材质选项，将投影设置为开。

（3）创建一个聚光灯，颜色设置为黄色，强度设置为 500%，勾选投影效果，调整聚光灯的锥形角度至 90°。

（4）切换到左侧视图，将聚光灯的目标位置移到地面之下，让它的角度微微向下倾斜，这样才能在地面形成投影效果。

（5）再创建一个环境光，强度设置为 14%，颜色为白色。

（6）预览效果，可以看到在摄像机动画中，文字的光影效果也有所体现，如图 5-20 所示。

图 5-20　灯光设置

任务 5.4　表达式应用

任务描述

林东在一家影视动画公司工作，负责影视作品的后期制作。他所在的部门接到一个任务：为某历史类节目做栏目包装。林东需要为栏目制作动态效果，他打算应用表达式的知识，制作一些小的动画并插入到视频中。

知识准备

5.4.1　表达式概述

表达式类似于动力学脚本，用表达式制作动态效果，不需要像关键帧动画那样设置多个关键帧，而是直接在单个图层的属性上进行编辑。应用表达式之后，任何关键帧都会永远保持和图层属性的连接关系。表达式的语言是基于标准的 JavaScript 语言，但在实际运用当中，并不需要完全掌握这种语言，而是像运用函数那样，掌握表达式的参数设置和用法即可。运用表达式能够快速实现复杂的动画效果。

表达式主要有以下作用。

（1）可以使用表达式来为图层或者物体设置动态效果，不需要手动添加任何关键帧。

（2）可以使用表达式为图层建立动态连接，使子级继承需要的父级属性。

（3）可以使用表达式为存在的关键帧增加随机性，同时保留原始的关键帧设置。

那么，如何为图层的属性添加表达式呢？

（1）在 After Effects 中，选中要添加表达式的图层，再按住 Alt 键，单击需要制作动态效果的参数左边的秒表图标，右侧时间轴中会出现一个输入框，在输入框中为参数添加表达式。

（2）在时间轴单击需要添加表达式的图层属性，单击"动画"按钮，选择"添加表达式"选项，时间轴中同样会出现一个输入框，在输入框中编辑表达式即可。

5.4.2　Time 表达式

1. 语法

Time 表达式是最常用的一种表达式，常用于需要持续变化的属性上。例如位置、旋转或者不透明度的变化。

它的语法是 time×n，其中 time 为固定词，它代表时间，而 n 表示单位时间（每秒）内，属性参数的变化量可以根据实际的情况进行设置的。

例如，给图层的旋转属性添加表达式：time×90，则表示该图层每秒钟旋转 90°，并且旋转会一直持续下去。

> 数值为正数时，按顺时针旋转；数值为负数时，按逆时针旋转。

2. 制作时钟

使用时间表达式可以制作时钟动画。分层制作出时钟的外轮廓、秒针、分针和时针后，将指针的锚点全部调整到时钟的圆心处，这样可以保证在旋转时，每个指针都是以圆心为轴点的。

选中秒针图层，按 R 键展开它的旋转属性，按住 Alt 键同时单击属性前面的码表，为其添加表达式，在输入框中编辑表达式：time×6，这表示该图层上的形状每秒钟顺时针旋转 6 度。

用同样的方法，分别为分针图层的旋转属性添加表达式 time×0.1，时针图层的旋转属性添加表达式 time×1/600，也就是说，分针每秒旋转 0.1°，如图 5-21 所示。

图 5-21　时钟样式

3. 制作小球弹跳动画

在制作一个小球的弹跳动画时，希望它既有上下位置移动，同时又有一个不断旋转的效果，这时就可以使用表达式的来制作动态效果。

先制作一个小球，在它的位置属性上创建关键帧，让它反复上下移动。这个移动的频率可以自定义调整。

为了让小球的弹跳更加逼真，单击小球图层的旋转属性，在动画按钮中选择添加表达式，时间轴上会出现表达式的输入框。可以先试着输入 time×360，也就是让小球每秒钟旋转一圈。

预览一下效果，根据小球的弹跳速度进行调整旋转值，最后将表达式改为 time×180 比较合适，效果如图 5-22 所示。

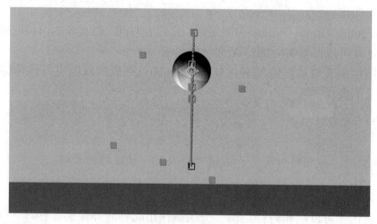

图 5-22　小球弹跳

5.4.3　wiggle 表达式

1. 语法

wiggle 表达式能够实现随机的位移旋转缩放以及透明度闪烁等效果。

表达式语句为 wiggle（频率，振幅），其中频率表示每秒振动的次数，而振幅则表示每次振动的幅度。

例如，给图层的不透明度添加表达式 wiggle（5，40），表示不透明度的参数值每秒钟随机振动 5 次，每次的幅度为 40。

2. 制作漂浮效果

下面我们使用 wiggle 表达式来做一个物体的漂浮动画。

新建一个大小为 800 像素 ×600 像素的合成，时间 5 秒。

导入一张本书配套资源文件夹 5-4 中的图片素材"宇航员 .png"，并将其拖入合成中，调整大小。

选中素材图层，按 P 键展开它的位置属性，按住 Alt 键同时单击属性前面的码表，为其添加表达式，在输入框中编辑表达式：wiggle（10，3），这表示该图层的位置每秒振动 10 次，每次振幅为 3。

预览动画效果，发现宇航员犹如漂浮在太空中，以一定的频率向随机方向运动。

5.4.4　循环表达式

循环表达式可以结合关键帧制作循环动画，对于那些需要反复进行的效果，使用这种表达式，可以节省很多制作关键帧的时间。

使关键帧动画循环，常用的有四种模式。

（1）cycle 模式，表达式语句如下：

```
loopOut(type="Cycle", numKeyframes=0);
```

前面的部分表示类型为 Cycle 模式，后面的数值用来控制从第几帧开始循环，0 表示从最开始的关键帧开始循环，如果为 1 则表示从倒数第二个关键帧开始循环；为 2 则表示表倒数第三个关键帧开始循环。默认情况下，这个参数的值为 0。

例如在缩放属性上制作两个关键帧。

按住 Alt 键同时单击缩放属性前面的码表，输入表达式 loopOut（"Cycle"，0），表示所有关键帧播放完后，会返回第一个关键帧，然后一直循环下去。也就是相当于自动在时间轴上复制所有的关键帧。

（2）pingPong 模式。顾名思义，它可以产生如同像乒乓球一样来回往复循环。表达式语句如下：

```
loopOut(type="pingPong", numKeyframes=0);
```

前面的部分表示类型为 pingPong 模式，后面的数值同 Cycle 模式中的含义一致，就不再赘述了。

例如，在某个属性值上建立了关键帧 1、2、3，那么使用这种循环模式，会使关键帧的播放顺序变成 1、2、3、3、2、1、1、2、3、…，这样一直循环下去。

（3）Offset 模式。它的表达式语句如下：

```
loopOut(type="offset", numKeyframes=0);
```

前面的部分表示类型为 offset 模式，后面的数值同 Cycle 模式中的含义一致。在这种模式下，每一次关键帧的循环都继承上一次循环结束时的值，然后发生数值偏移。这种模式会使属性值沿着最后一帧的方向和速度继续变化下去。

（4）continue 模式。它的表达式语句如下：

```
loopOut(type="continue")
```

这种模式可以制作动画持续缓慢运动的效果，避免动画静止，也可以制作一些数字持续增长等效果。

例如，要制作一个可以连续跳跃的雪人，可以先在雪图层的位置属性上建立三个关键帧，让雪人从地面跳到第一个台阶。

再按住 Alt 键同时单击缩放属性前面的码表，输入表达式 loopOut（"offset"，0）。这样雪人会沿着前几个关键帧的方向和速度，连续向右上方弹跳，如图 5-23 所示。

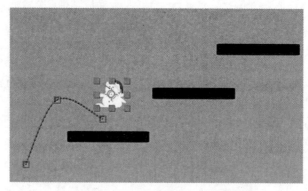

图 5-23 loopOut（）应用

5.4.5 随机表达式

1. 语法

随机表达式通过调用 random（），可以得到一个介于 0 和 1 之间的随机数，将其加在属性值上，可以做出各种随机效果，例如随机出现的位置、旋转角度或者不透明度等。它的表达式语句如下：

```
random(min, max);
```

其中 min 表示随机值的最小数，而 max 则表示最大数。例如，在不透明度属性上输入 random（50，80），表示该图层的透明度是介于 50% ~ 80% 的数值。

由于 random（）产生的是一个带有一长串小数的数字，实际使用过程中经常需要将其转为整数，可以使用 Math.round（），把 random（）作为参数传递过去，就可以得到整数。

```
Math.round(randomI(2,10))
```
产生一个从 2 到 10 的随机整数，包括 2 和 10。

2. 综合应用

下面综合应用几种表达式，来制作繁星效果。

新建合成，大小设置为 1920 像素 ×1080 像素，持续时间为 10 秒。

单击工具栏上的星形工具，制作一个黄色的星星，并为其添加一个发光效果，将发光阈值调大到 80%，发光半径调到 68。

展开星星的位置属性，按 Alt 键同时单击属性前面的码表，输入表达式：

```
seedRandom(1)true);
[random(0,1920), random(0,1080)]
```

这里的 seedRandom（）是种子的意思，表示复制一颗星星，位置保持不变。而 random（）表达式中的 1920 和 1080，是合成的宽度和高度，它们分别为 x 和 y 坐标的最大值。

为了让星星的大小有所不同，在缩放属性上也输入一个表达式如下：

```
seedRandom(1,true);
x=random(8,20);
[x,x]
```

这段表达式可以将复制的星星大小设置为介于 8% ～ 20%。

最后，我们再给星星加上一个旋转的动态效果。在旋转属性值上输入表达式如下：

```
seedRandom(1,true)
random(0,360)+time*random(5,10)
```

这段表达式可以让复制的星星保持一个随机的旋转速度和初始的角度。

最后我们多次按下 Ctrl + D 键，复制出多个星星，就能得到一个星空的效果了，并且每颗星的大小、角度和位置都随机分配，如图 5-24 所示。

图 5-24　表达式复制效果

任务实施

步骤 1　导入视频

（1）打开任务 5-3 创建的项目工程"历史转场"，将其另命名为"历史片尾"。

（2）导入本书配套资源文件夹 5-4 中的视频素材"地球夜景"。

（3）删除"地板"图层，将"地球夜景"放入"三维文字"合成中，并改名为"背景"，调整视频的大小和位置，取代原来的地板图层。

（4）预览动画，可以看到三维图层会受到灯光的影响，在第 0 帧至第 13 帧有一个从暗到明的光影变化。但视频素材不受灯光的影响，因此需要单独制作淡入动画效果。

步骤 2　制作淡入效果

（1）将当前时间指示器转至第 0 秒，选择"背景"图层，展开其不透明度属性。单击该属性前面的秒表图标，在此处创建关键帧，并将不透明度调整为 0。此时，背景视频也会完全消失。

（2）再将当前时间指示器转至第 13 帧，并将不透明度调整为 100，生成一个淡入的动画效果。这样，背景视频就会与文字有一个同步的光影效果。

（3）在第 13 帧处，按下 Ctrl + Shift + D 组合键，将"背景"图层进行切割，分成两个部分。

步骤 3　制作背景抖动态效果

（1）选中后半部分的背景素材，按 T 键展开不透明度属性，单击属性前面的秒表，取消之前的关键帧。

（2）按住 Alt 键同时单秒表，为其不透明度添加表达式，在输入框中编辑表达式：

wiggle（5，10），这表示该图层的不透明度每秒钟振动 5 次，每次振幅为 20。

（3）预览动画效果，发现视频背景的不透明度呈现随机的变化，类似灯光闪烁的效果，如图 5-25 所示。

图 5-25　最终效果

☑ **任务拓展**

本任务将应用视频、图片等素材生成三维图层，并通过为图层绘制蒙版，添加曲线、毛边、百叶窗等效果，制作图层特效和三维转场动画。具体操作步骤如下。

三维动感
相册 .mp4

步骤 1　制作柔光效果

（1）新建一个合成，命名为"相册"，尺寸设置为 1920 像素 ×1080 像素，持续时间为 10 秒。导入素材 baby.jpg，在这一步骤中，也可以用视频素材代替图片。将图片拖至"相册"合成中。

（2）新建纯色图层，命名为"方块"，颜色选择白色，为该层添加分型杂色效果。展开效果属性面板，将分形类型设置为基本，杂色类型设置为块，展开变换属性，缩放值调整为 320%。

（3）为了制作动态效果，按住 Alt 键并单击"演化"参数前面的码表，输入表达式：time*90，让"演化"值随着时间而变化，可以使分形、多色的图案不断地发生变化。

（4）将"方块"图层的图层模式改为柔光，这样在原图像上会生成一层动态的方形柔光，如图 5-26 所示。

图 5-26　柔光效果

（5）最后，同时选中"方块"图层和"素材"图层，按下 Ctrl + Shift + C 组合键，将这两个图层打包生成一个预合成，将其命名为"替换"。

步骤 2　制作笔刷效果

（1）新建形状图层，将其命名为"路径"。选择钢笔工具，将填充选项设置为无，描边设置为白色，加宽至 500 左右。画出路径覆盖住下方的图片。

（2）在"路径"图层的内容后面，选择修剪路径效果。

（3）将当前时针指示器转至第 0 秒，展开"内容"→"修剪路径"属性组，将结束参数改为 0，单击结束参数前的码表，创建关键帧。

（4）将当前时针指示器转至第 3 秒，将结束参数改为 100%。

（5）预览一下效果，可以看到类似用笔刷画出路径层的动画效果。

（6）现在的路径是光滑的直线，可以对其适当进行修饰，添加一些个性化的效果。单击"路径"图层，为其添加毛边效果，边缘类型选择生锈，边缘锐度设为 4，比例设为 22，复杂度设为 4。

（7）为了让边缘效果更自然，在效果属性面板中选中毛边效果，按下 Ctrl + C 组合键进行复制，再按下 Ctrl + V 组合键进行粘贴，叠加一个毛边效果。

（8）选中"替换"层，在 TrkMat 下选择"Alpha 遮罩路径"，将"路径"图层作为"素材"层的遮罩，效果如图 5-27 所示。

图 5-27　笔刷效果

（9）同时选中"路径"和"替换"图层，按下 Ctrl + Shift + C 组合键，将这两个图层打包生成一个预合成，命名为"笔刷效果"。

（10）在上述步骤中，结合了遮罩技术、分形杂色和毛边效果，为图片制作了个性化的转场动画。

步骤 3　三维图层动画

（1）打开笔刷效果的 3D 图层开关，将其转换为 3D 图层。

（2）在时间轴空白处右击，在弹出的菜单项中选择"新建"→"摄像机"命令，创建一个焦距为 50 mm 的摄像机。

（3）接下来要运用摄像机的旋转工具和推拉镜头工具制作图层的三维动画。

（4）选择向光标方向推拉镜头，将"笔刷效果"图层拉远。

（5）选择绕光标旋转工具，使"笔刷效果"图层的角度偏移，效果如图 5-28 所示。

（6）将当前时间指示器转至第 0 秒，展开摄像机图层的变换属性，单击目标点和位置前的码表，创建关键帧。

（7）将当前时间指示器转至第 10 秒，选择向光标方向推拉镜头，将"笔刷效果"图层拉近。再选择绕光标旋转工具，使"笔刷效果"图层的角度回正。这样，一个摄像机的镜头动画就制作完毕了。

图 5-28　3D 图层效果

步骤 4　叠加效果

下面进行多图层的效果叠加，让动画更加有层次。

（1）选择"笔刷效果"图层，为其添加色调效果，并将图像转换为黑白色调。

（2）再为"笔刷效果"图层添加曲线效果，调整曲线，将图像整体亮度降低。

（3）选择"笔刷效果"图层，为其添加百叶窗效果。打开百叶窗效果属性面板，将过渡完成设为 40%，方向设为 45°，使其呈倾斜角度。

（4）选中"笔刷效果"图层，按下组合键 Ctrl + D 复制图层，将复制的图层命名为"笔刷效果 2"。并将曲线和百叶窗效果删除。将"笔刷效果 2"图层的 z 轴坐标值设置为 190，"笔刷效果"图层的 z 轴坐标值设置为 616，让两个图层在 z 轴有一定的距离。

（5）选中"笔刷效果"图层，按下组合键 Ctrl + D 再次复制一个图层，将复制的图层命名为"笔刷效果 3"，并将曲线、色调和百叶窗效果删除，并将该图层的 z 轴坐标值设置为 -14，让该恢复彩色，并处于最前端。

（6）选中"笔刷效果"图层，按下组合键 Ctrl + D，再次复制一个图层，将复制的图层命名为"笔刷效果 4"，并将百叶窗效果删除，为其添加一个高斯模糊效果，模糊度设置为 5。将"笔刷效果 4"图层的缩放值设为 340%，并将 z 轴坐标值设置为 350，此图层将作为背景层。

（7）将笔刷效果及复制的三个图层的开始时间调整一下，每两层之间大约间隔 8 帧。预览一下，可以看到四个不同层次的三维图层叠加的动画效果。

📚 **能力自测**

一、选择题

1.（　　）开关可以将图层从一个二维图层转换为一个三维图层。

　　A. 运动模糊　　　　　　　　　　　　B. 3D 图层开关

　　C. 帧混合　　　　　　　　　　　　　D. 父级和链接

2.（　　）参数不属于三维图层的材质选项组。

A. 投影　　　　　　　　B. 接受阴影　　　　　　C. 方向　　　　　　D. 接受灯光

3.（　　）最接近人眼的观察效果。

A. 15 mm 广角镜头　　　　　　　　　　　　B. 标准的 50 mm 镜头

C. 200 mm 长焦镜头　　　　　　　　　　　D. 100 mm 镜头

4. 如果需要创建摄像机动画，一般在（　　）参数上设置关键帧。

A. 景深和位置　　　　　　　　　　　　B. 光圈和位置

C. 目标点和焦距　　　　　　　　　　　D. 目标点和位置

5. 启用景深之后，会激活（　　）参数，从而可以控制画面的清晰区域与模糊区域，创建真实的聚焦效果。

A. 目标点、光圈、位置　　　　　　　　B. 光圈、模糊层次、位置

C. 焦距、光圈、模糊层次　　　　　　　D. 目标点、位置、模糊层次

6.（　　）可以用来模拟太阳光，能照亮场景中的任何地方且光照强度无衰减。

A. 聚光灯　　　　　　B. 平行光　　　　　　C. 环境光　　　　　D. 点光源

7.（　　）常用于需要持续变化的属性上，例如位置、旋转或者不透明度的变化。

A. wiggle（　）　　　　B. time（　）　　　　C. loopOut（　）　　D. random（　）

8. 要得到一个介于 0 和 1 之间的随机数，并将其添加在属性值上，可使用表达式（　　）。

A. wiggle（　）　　　　B. time（　）　　　　C. loopOut（　）　　D. random（　）

二、填空题

1. 与二维图层相比，三维图层在_____和_____属性上都增加了 z 轴方向，并可以受到_____和_____的影响。

2. AE 提供了多种视图方式，通过合成窗口中的_____下拉选项，可以进行视图的选择，默认视图为_____。

3. 在创建摄像机时，如果选择_____镜头，可以提供极大的视野范围，类似于鹰眼的观察效果，但是也容易产生透视变形。

4. 工具栏上的_____，可以使摄像机根据光标位置进行平移，平移速度相对光标单击位置发生变化。

5. 在摄像机动画的制作过程中，为了让场景的变化显得更加真实和清晰，经常会需要进行对焦操作，即对摄影机的_____、_____和_____等参数进行调整。

6. 光圈越大，光圈档位就会越_____，景深会越_____，处于对焦平面之外的物体会产生较强的_____。

单元6

跟踪与稳定技术

单元引言

跟踪与稳定技术是影视合成技术中的重要模块。跟踪技术是指对指定区域进行跟踪分析，并自动创建关键帧，将跟踪的结果应用到其他图层，或者结合一些效果得到所需的动画特效。稳定技术则是在跟踪的基础上，对视频的位置和旋转值进行反向补偿，从而消除视频的不稳定。AE 的跟踪与稳定技术使其在影视合成方面极具优势。

本单元将主要介绍 After Effects 中跟踪的几种类型，如运动跟踪、稳定跟踪和 3D 摄像机跟踪。通过经典案例的学习，掌握跟踪与稳定技术在视频处理中的应用方法和技巧。

学习目标

知识目标

- 掌握一点跟踪、两点跟踪、四点跟踪的设置方法。
- 掌握变形稳定器的使用方法。
- 掌握摄像机跟踪器的创建和应用。

能力目标

- 能使用跟踪与稳定技术进行影视栏目包装、特效制作和动画编辑。
- 通过项目任务的制作，全面培养实践、审美和创新能力。

素养目标

- 了解跟踪与稳定技术的原理和操作技巧，侧重对影视艺术实践的一般常识和运行法则进行概括，提示学生在专业领域的实践水平，提升职业素养，塑造精益求精的工匠精神。
- 通过学习具有中国精神和历史传承的案例，坚定学生的文化自信，培养学生的爱国主义情怀。

项目重难点

项目内容	工作任务	建议学时	重 难 点	重要程度
运用 3D 图层与表达式制作动画特效	任务 6.1 运动跟踪	4	熟悉跟踪点的设置方法，重点掌握两点跟踪的应用	★★★★☆
	任务 6.2 稳定跟踪应用	2	掌握变形稳定器的应用	★★★☆☆
	任务 6.3 3D 摄像机跟踪	4	熟悉摄像机跟踪器的创建和应用	★★★★★

任务 6.1　运 动 跟 踪

任务描述

李小薇在一家影视动画公司工作，她所在的部门接到一个项目：为某化妆品公司制作广告宣传片。李小薇负责为视频中的一些元素制作动态效果，她打算运用运动跟踪的知识来完成这一任务。

运动跟踪 . mp4

知识准备

6.1.1　运动跟踪原理

运动跟踪是指通过跟踪对象的运动，并将该运动的跟踪数据应用于其他图层或效果控制点，使图像和效果跟随被跟踪对象保持一致的运动。

通过运动跟踪，可以将该运动的跟踪数据应用于另一个对象，并据此来创建图像和效果。运动跟踪还可以实现稳定运动的效果，在这种情况下，跟踪数据用来使被跟踪的图层动态化，从而对该图层中的对象运动进行补偿，或者可以使用表达式将属性链接到跟踪数据。

After Effects 通过将来自某个帧中选定区域的图像数据与每个后续帧中的图像数据进行匹配来跟踪运动。可以将同一跟踪数据应用于不同的图层或效果，还可以跟踪同一图层中的多个对象。

运动跟踪通常有以下作用。

（1）组合单独拍摄的元素，如将视频添加到移动的汽车一侧。

（2）使静止的图像动态化以匹配动作素材的运动，如使图标附在动态的通信设备上。

（3）使效果动态化以跟随运动的元素，如用手指划出发光的线条。

（4）将被跟踪对象的位置链接到其他属性，如使立体声随小汽车在屏幕上驶过而从左向右平移。

（5）稳定素材，使移动的对象在帧中静止不动，以此观察移动的对象如何随时间变化，常用于科学成像工作中。

（6）稳定素材以消除手持式摄像机由于推撞引起的晃动。

在 After Effects 中进行运动跟踪有多种方法，如一点跟踪、两点跟踪和四点跟踪等。具体应用时，可根据跟踪内容和实现效果来决定跟踪方法。

在开始跟踪前，需查看并确认素材整段持续时间内所有画面，以便确定最佳被跟踪对象及跟踪所使用的通道。例如，如果选择的跟踪对象在某一帧中因为光照、角度或自身元素变化而不易识别，或因为景深的变化而变得模糊，再或是因为对象移出画面外或被遮挡住，那么就可能会导致跟踪失败，所以选择合适的被跟踪对象和通道是跟踪成功的前提条件。

一般来说，应当选择具有以下特征的对象进行跟踪。

（1）检查整段素材，被跟踪对象在整个过程中均清晰、完整、可见。

（2）明亮度或颜色与周围区域明显不同。

（3）形状清晰可辨认，并且周围区域没有类似形状。

（4）在素材的整个过程中，均保持一致的形状、明亮度及颜色。

6.1.2　一点跟踪

1. 设置跟踪点

一点跟踪用于跟随运动物体在二维平面上的位置变化，例如制作文字跟随运动、人物面部美容、图像的局部遮挡、粒子跟随效果等。

选择需要被跟踪的动画图层，选择窗口菜单下面的"跟踪器"命令，可以开启跟踪器窗口，在此面板中单击"跟踪运动"按钮，该图层的视图面板会被激活，同时在图层视图的中央出现一个默认的"跟踪点 1"。跟踪点由"搜索区域""特征区域""附加点"几个部分组成，如图 6-1 所示。

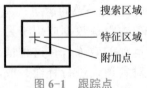

图 6-1　跟踪点

调整跟踪点的范围和位置是跟踪成功与否的关键，其各部分的作用和特点如下。

（1）搜索区域：又称为采样范围框，是为被跟踪对象在前后帧的位置变化所预留的采样范围。搜索区域的范围较小时，可节省跟踪时间，但是在运动过程中，跟踪点有可能会跳出搜索区域框之外；搜索区域的范围较大时，跟踪分析时间也会增加，但是能更加稳定地跟踪目标对象。

在采样范围框中只能有一个跟踪点，不能出现其他类似的点，否则采样范围会在两个点上跳动。

　　（2）特征区域：用来指定被跟踪对象的视觉特征区域，用来定义图层中要跟踪的元素。特征区域应当围绕画面中较为独特的可视元素，最好是现实世界中的一个对象。不管光照、背景和角度如何变化，After Effects在整个跟踪持续期间都必须能够清晰地识别被跟踪特性。
　　（3）附加点：用来得到追踪路径后生成关键帧的位置，以便与跟踪图层中的运动特性进行同步。
　　例如，要追踪下方视频中花瓣的位置，让得到的关键帧数据出现在花瓣附近，可以直接将追踪点设置到特征区域内，搜索区域与特征区域的设置如图6-2所示，将跟踪点设置在运动幅度较大、有明显亮度和形状区分的花瓣边缘处。

图6-2　对于花瓣的跟踪点设置

2.调整特征区域和搜索区域
　　在放置特征区域控件时，需要紧紧围绕被跟踪特性进行放置，使其完全包围被跟踪特性，同时又要尽可能少地包含周边图像。
　　搜索区域的大小和位置取决于要跟踪的特性运动。搜索区域必须容纳被跟踪特性的运动，但只是帧到帧的运动，而不是它在整个拍摄中的运动。当After Effects在帧中定位被跟踪特性时，特征区域和搜索区域都将移动到新位置。因此，如果被跟踪特性的帧运动是渐进的，则搜索区域只需稍大于特征区域即可。如果特性快速地改变位置和方向，则搜索区域需要足够大，以便包围任何帧对中最大的位置和方向变化。
　　另外，还可以设置跟踪选项来确定诸多事项，例如对哪些颜色通道进行比较，以便来查找特征区域的匹配项。
　　在上文跟踪花瓣时，由于花的运动幅度较小，可以将搜索区域适当调小，这样后续的分析时间也会随之缩短。

3.设置跟踪器选项
　　单击跟踪器窗口中的"选项"按钮，会弹出"动态跟踪器选项"对话框。可以根据被跟踪对象与周边环境的色彩、明亮度及饱和度的差异情况，选择最佳的通道，以提高跟踪的成功率。一般情况下，选择明亮度即可。

4.分析
　　通过单击跟踪器窗口中的"分析"按钮，可以执行实际的运动跟踪步骤。有时候，在跟踪一组复杂的特性时，可能会需要一次分析一个帧。

5. 必要时重复

因为运动中的图像具有不断变化的特性，所以自动跟踪很少能够做到完美。在移动的素材中，特性的形状会随光照和周围物体而变化。即使经过仔细的准备，特性在拍摄期间通常也会改变，并且在某个点上不再与原始特性相匹配。如果变化太大，则 After Effects 可能无法跟踪该特性，并且跟踪点将漂移。

如果由于跟踪点设置不适当，或者其他原因导致分析失败，可以返回到跟踪依然准确的帧并重复调整和分析步骤。

仍以花瓣跟踪为例，前面已经设置好了一个跟踪点，接下来就可以进行分析这一步骤了。将当前时间指示器转至第 0 秒处，再单击"向前分析"按钮，视频在播放的同时，After Effects 会记录追踪点的移动路径并生成关键帧，生成一条跟踪路径。

如果在跟踪过程中，搜索区域框脱离追踪点，可以单击"停止"按钮暂停跟踪，再调整搜索区域框的大小和位置，从脱离的时间开始重新追踪，直到问题解决为止。

完成跟踪分析计算后，需要将追踪路径赋予某个目标，以方便进行后续的操作。

6. 应用跟踪数据

如果使用除"原始"之外的其他任何跟踪类型设置，在确保显示针对"运动目标"的正确目标后，可单击"应用"按钮来应用跟踪数据。可以通过"原始"跟踪操作来应用跟踪数据，通过将关键帧从跟踪器复制到其他属性，或者通过将属性与表达式相链接的方式来进行实现效果。

在花瓣跟踪的案例中，最终是想让文字和图形跟踪花瓣的运动。

因此在完成分析后，需要新建一个文字层，输入"花瓣"两个字，并设置颜色好文字的颜色。再绘制一条白色折线，把文字和折线都放到花瓣附近。

在分析完成后，比较常规的做法是建立一个空对象图层，用来指定运动跟踪分析结果。因此，通常会将跟踪数据应用于此空对象图层，再将希望使其动态化的图层的父级设置为空对象。

选择花瓣视频，单击应用按钮，设置"应用维度"（一般设置为"X 和 Y"）将跟踪元素通过"父级"继承到空对象图层，以方便后续调整。

最后再将空对象图层设为文字和形状层的父级，即可实现让图形和文字都跟随花瓣的摆动而移动，如图 6-3 所示。

图 6-3 一点跟踪应用

6.1.3　两点跟踪

两点跟踪适用于跟随运动物体在二维平面上的位置、旋转及比例变化。单击"跟踪运动"，选择"跟踪类型"为变换，勾选旋转和缩放复选框，会在图层视图中增加第二个跟踪点"跟踪点2"。

第二个跟踪点的设置原则与单点跟踪类似。不同的是，通过两个跟踪点得到的分析结果，不仅是被跟踪对象的位置，还包括了旋转及缩放大小信息。通常情况下，"跟踪点1"默认为旋转或缩放的轴心。

例如，在图6-4所示的时钟动画中，想要在转动的指针上绑定一个卡通图片，让它跟随指针做同步运动，就可以用两点跟踪来实现。

图6-4　时钟动画

由于指针是旋转的，在进行两点跟踪时，需要勾选旋转属性。这时，视频画面中会出现两个跟踪点，将跟踪点分别放在指针两端的圆圈处，注意检查一下要跟踪的对象是否都包含在搜索区域框，并通过两到三帧范围内判断一下有没有出现跟踪丢失的风险，必要时可以调整搜索框，以保证跟踪的稳定性。分析完成后，可以将运动跟踪分析结果指定为空对象图层，并将此空对象图层指定为图片素材的父级，就可以实现如图6-5所示的跟踪效果了。

图6-5　两点跟踪应用

观察画面可以看到，"龙头"图片跟指针的运动是完全同步的，而这一技巧在很多影视后期项目的制作中都会应用到。除了跟踪旋转的物体，也经常用于有缩放效果的动态物体，例如一些明显放大的文字、图片或者电影角色等。

6.1.4　四点跟踪

四点跟踪用于跟踪四角平面区域的变化，可以计算分析被跟踪对象在二维平面上的倾斜、旋转和透视信息。四点跟踪技术可以制作类似画中画的效果，例如拍摄了包含电视、手机或者平板屏幕的视频素材后，在后期制作时，往往需要将其他的视频画面放入素材中的屏幕上，就可以应用四点跟踪技术。它会在图层视图中生成四个跟踪点，然后将视频素材锁定在这四个点上。

如图 6-6 所示，在视频中，中心部分的手机屏幕的原图像为蓝色屏幕。

图 6-6　视频素材

现在，要用另一段视频来替换掉原来的手机屏幕，也就是蓝色的部分。

拖曳视频素材至新建合成按钮，生成一个新的合成。选择视频图层，执行跟踪运动命令后，在跟踪器窗口中单击"跟踪类型"下拉选项，可看到"平行边角定位"和"透视边角定位"两种四点跟踪类型：前者四个跟踪点需要保持平行四边形的形状，所以对包含透视变化的效果不适用；后者四点跟踪点可以自由选择，适用于被跟踪对象的倾斜、旋转和透视变化效果。

本例视频中的屏幕具有一定的透视效果，因此选择"透视边角定位"。再将四个点拖至屏幕的四个角，如图 6-7 所示。

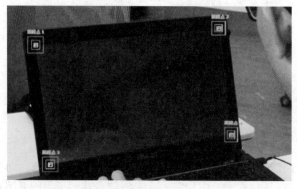

图 6-7　设置适当的四点跟踪

将当前时间指示器转至第 0 秒，根据需求单击"向前分析"按钮，直至跟踪分析完成。

导入"花 .mov"的视频素材，将视频拖到合成中，注意将此段视频放在上层。

再次选择四点跟踪视频图层，在跟踪器窗口中，单击"编辑目标"按钮，在弹出的"运动目标"对话框中，将运动应用于"花 .mov"图层，再单击右边的应用按钮。

预览效果，可以看到，花已经替换掉了手机原来的蓝屏，如图 6-8 所示。

图 6-8 四点跟踪效果

任务实施

本任务需要利用两点跟踪技术来为视频做一些后期处理，使动态的花瓣出现斑点。

步骤 1 建立跟踪点

（1）新建工程项目，命名为"护肤广告"，导入本书配套资源文件夹 6-1 中的视频"玫瑰花 .mov"。

（2）由于要在广告中为花瓣添加斑点，但视频中的花是动态的，不仅发生了位置的变化，还有角度的旋转，这种情况就需要选择两点跟踪技术。

（3）选择视频素材图层，在跟踪器窗口中，将跟踪类型设为变换，并勾选旋转和缩放复选框。

（4）由于花的位置和旋转变化，可以将两个跟踪点选择为一个花瓣和一片叶子，因为它们的形状、颜色和亮度都具有较明显特征。调整采样框和特征区域框的位置和大小。

步骤 2 分析及应用

（1）将当前时间指示器转至第 0 秒，根据需求单击向前分析按钮，直至跟踪分析完成，如图 6-9 所示。

图 6-9 分析跟踪轨迹

（2）分析完成后，可以将运动跟踪分析结果指定为空对象图层。新建一个空对象图层，再选择视频素材图层，单击跟踪器窗口中的应用按钮，设置应用维度为"x 和 y"，将跟踪元素应用到空对象图层。

步骤3 制作斑点特效

（1）接下来可以使用分形杂色效果来制作斑点效果。

（2）新建一个纯色图层，将其命名为"斑点"，为该图层添加一个分形杂色效果。

（3）在效果属性面板中，调整分形杂色的参数，将对比度设为300，亮度调为80。

（4）将斑点图层的模式设为变暗，并为其沿花瓣边缘绘制一个蒙版，效果如图6-10所示。

图6-10 制作斑点效果

步骤4 设置父子图层

（1）为了让斑点像是"长"在花瓣上一样，必须在花朵移动和旋转时，让斑点图层跟随运动。

（2）像前几个案例一样，可以将空对象图层设为斑点图层的父级。在前面的步骤中，已经将花朵的移动和旋转数据复制到了空对象图层。一旦设置空对象图层为父级，就可实现让斑点跟随花的运动而产生移动和旋转效果。

任务6.2 稳定跟踪应用

任务描述

李小薇在一家影视动画公司工作，她所在的部门接到一个项目：为某化妆品公司制作广告宣传片。李小薇在整理实拍的视频素材时，发现有一些视频出现了抖动的现象，这样的素材显然是不适合使用的。她打算运用稳定跟踪的知识来解决这一问题。

稳定跟踪
应用.mp4

知识准备

与运动跟踪不同，稳定跟踪的主要作用是稳定画面。因为受到手抖、风吹或者其他因素的影响，摄像机经常发生晃动，导致拍摄出的视频画面摇晃、抖动，这时可以通过稳定跟踪进行计算分析，从而可将摇晃的手持拍摄素材变得稳定流畅。

6.2.1 变形稳定器

1. 创建变形稳定器 VFX

变形稳定器是 After Effects 提供的一种简单易用的稳定跟踪器。要使用"变形稳定器"效果来稳定运动，可以执行下列操作。

（1）单击选择要进行稳定跟踪的素材图层。

（2）执行"效果和预设"→"扭曲"→"变形稳定器 VFX"命令，应用于图层。

也可以在时间轴窗口中右击素材项目，并选择"效果"→"变形稳定器 VFX"命令。

将效果添加到图层后，对素材的分析立即在后台开始，将显示在合成窗口中以指示正在进行分析。

2. 变形稳定器 VFX 的设置

打开图层的"变形稳定器"效果属性面板，可以看到它有很多的参数，其主要作用如下。

1）分析

在首次应用变形稳定器时无须按下该按钮，系统会自动按下该按钮。"分析"按钮将保持为灰色显示，直至发生某个更改。例如，如果调整了某个图层的入点或出点，或者发生了对图层源的上游更改，单击该按钮可重新分析素材。

2）取消

该按钮用于取消正在进行的分析。在分析期间，取消按钮旁边将显示状态信息。

3）稳定

"稳定"设置用于调整稳定流程。

4）结果

该参数用于控制素材的预期结果，它包含"平滑运动"和"无运动"两个选项，默认设置为平滑运动，即保留原始的摄像机移动但使其更平滑。如果选择"无运动"，则会尝试从拍摄中消除所有摄像机运动。

5）保持缩放

启用后，阻止变形稳定器尝试通过缩放调整来调整向前和向后的摄像机运动。

6）取景

控制如何在稳定的结果中显示边缘。设置为"仅稳定"表示允许使用其他方法对素材进行裁剪；设置为"稳定、裁剪"，表示裁剪移动的边缘且不缩放；默认设置为"稳定、裁剪、自动缩放"，意味着裁剪移动的边缘并放大图像以重新填充帧。

7）自动缩放

显示当前的自动缩放量，并且允许您对自动缩放量设置限值。通过将取景设置为"稳定、裁剪、自动缩放"可启用自动缩放。

8）目标

确定效果目标究竟是为稳定或暂时稳定地执行视觉效果任务，还是将图层合成到抖动的场景中。

9）目标图层

使用"向目标应用运动"或"在原始图层上向目标应用运动"选项，选择要向其应用稳定后的运动的图层。

10）显示跟踪点

该参数用于确定是否显示跟踪点。

一般来说，变形稳定器需要分析计算的轨迹点比较多，所以需要等待数秒。待分析结束后，可以预览一下效果，视频的抖动情况已经明显得到了改善，画面变得更加稳定和流畅。但是，由于这种稳定实质上是对视频位移进行了补偿，所以有时视频会露出边缘。

3. 变形稳定器应用

打开"变形稳定器"效果属性面板，将"边界"→"取景"后面的"稳定"改为"稳定、裁剪、自动缩放"，这样视频会自动进行比例的缩放，避免出现边缘的问题。

变形稳定器主要是对固定物体进行分析计算，从而进行调整。如果视频中存在运动元素，可能会影响稳定效果。要改善稳定效果，可以在稳定分析结束后，在"变形稳定器"效果属性面板中，展开"高级"选项，勾选"显示跟踪点"复选框，此时合成窗口中的稳定效果会切换为显示轨迹点模式，如图 6-11 所示。

图 6-11　显示跟踪点模式下的稳定跟踪

在图 6-11 所示的视频素材中，建筑物、路面都是静态的，而喷泉和人则是运动的，可以拖动鼠标左键，利用套索框选住喷泉和人体上的轨迹点，使用 Delete 键进行删除。将这些不需要参与稳定解析的轨迹点删除后，稳定跟踪的效果会得到较大改善。

6.2.2　稳定运动

1. 创建跟踪器

当视频中的运动物体较多时，使用变形稳定器进行稳定跟踪的效果会大打折扣。因此，在这种情况下，可以通过"稳定运动"来进行稳定跟踪。

选择待进行跟踪分析的视频素材图层，在跟踪器窗口中单击"稳定运动"按钮，将跟踪类型设置为"稳定"。

2. 选择跟踪对象

那么应该如何选择稳定跟踪的对象呢？首先，仍然要遵循运动跟踪中的原则，被跟踪对象应选择在整个过程中清晰可见、明亮度或颜色与周围区域明显不同的区域；其次，应选择静态、固定物体作为被跟踪对象，这样才能保证稳定跟踪的效果。

3. 分析及应用

设置好跟踪器和跟踪目标后，可以根据需求选择一个时间点，然后单击向前分析按钮，直至跟踪分析完成。此时两个跟踪点附近都会出现轨迹线，这也就是视频晃动的轨迹。

跟前文介绍的运动跟踪一样，在分析完毕后，需要将跟踪的数据进行应用。不同的是，在一般稳定跟踪中，需要将跟踪数据对视频素材本身进行反向补偿的。

在跟踪器窗口中，单击应用按钮，弹出"运动跟踪器应用选项"对话框，可以根据需要选择应用维度，一般设置为"x 和 y"。单击确定后，视频的位置和旋转值都会自动调整。

对视频的稳定跟踪进行应用后，一般视频的晃动问题都会得到改善。但是，由于这种稳定跟踪实质上也是视频进行了反向移动和旋转，所以在某些时间会暴露视频边缘。如果出现这种情况，可以将缩放比例适当调大，直到问题解决为止。

任务实施

本次任务需要解决视频素材出现抖动的问题，可以运用稳定跟踪的知识来解决这一问题，具体步骤如下。

步骤 1 视频处理

（1）新建 AE 项目，命名为"视频校正"，导入本书配套资源文件夹 6-2 中的视频素材"抖动视频"文件。

（2）预览视频，发现由于拍摄时设备晃动，拍摄的视频画面出现了抖动，需要对视频素材进行稳定跟踪，消除视频画面的抖动情况。

（3）在项目窗口中，选择视频素材，拖动到下方的新建合成按钮上，建立一个新的合成，并双击进入该合成中。

步骤 2 进行稳定跟踪

（1）选择视频图层，打开跟踪器窗口，单击"稳定运动"按钮，将跟踪类型设置为稳定，因为视频的抖动往往不是单纯的位置变化，一般还会伴随角度的变化，所以需要勾选旋转和缩放选项。此时，视频画面上会出现两个跟踪点。

（2）观察视频画面，可以选择静态的、具有明显形状特征的屋顶作为跟踪点，如图 6-12 所示。

图 6-12 跟踪点设置

步骤 3 跟踪分析

（1）将当前时间指示器转至第 0 秒，根据需求单击向前分析按钮，直至跟踪分析完成，此时两个跟踪点附近都会出现轨迹线，这也就是视频晃动的轨迹。

（2）在跟踪器窗口中，单击应用按钮，弹出"运动跟踪器应用选项"对话框，将应用维度设置为"x 和 y"。

（3）单击确定后，预览视频效果，可以看到视频的晃动问题已经得到了明显的改善。但是，由于稳定跟踪后视频产生了补偿移动，导致偶尔会露出视频边缘。

步骤 4　调整比例

（1）针对这种情况，选择视频素材图层，按 S 键展开缩放属性，将缩放比例调整到 105%，这个数值对于视频分辨率不会造成太大影响。

（2）再次预览整段视频，发现边缘问题已经得到了解决。

任务 6.3　3D 摄像机跟踪

任务描述

3D 跟踪
应用 .mp4

李小薇在一家影视动画公司工作，她所在的部门接到一个项目：为某房地产公司制作楼盘广告宣传片。李小薇负责为视频添加具有科技感的特效，她打算运用 3D 摄像机跟踪的知识来完成这一任务。

知识准备

3D 摄像机跟踪又称为摄像机反求，是对动态素材进行跟踪分析，提取三维空间数据以及摄像机运动的数据，再以此为基础创建一些与之关联的文字、图像、光影或者效果。3D 摄像机跟踪常常用来制作空间文字、图像与视频的合成，或者结合相关的插件制作一些具有创意的视频特效。

与稳定跟踪类似，摄像机反求过程使用后台进程进行分析与解析，在分析正在进行时，可以自由调整设置或者操作项目的其他部件，分析完成后会在三维空间中生成许多轨迹点，如果其中有无须跟踪的轨迹点，可以拖动鼠标左键套索选择这些轨迹点并予以删除。

6.3.1　创建摄像机跟踪器

在时间轴窗口中，选择要跟踪的素材图层。在跟踪器窗口中，单击"跟踪摄像机"按钮，会向素材图层添加"3D 摄像机跟踪器"效果，并立即对视频画面逐帧分析以反求原始摄像机运动。

除此之外，还有其他几种添加 3D 摄像机跟踪器效果的方法。

（1）在菜单栏上选择"动画"→"跟踪摄像机"命令。

（2）在视频素材图层上右击，在弹出的菜单项中选择"跟踪和稳定"→"跟踪摄像机"命令。

（3）在素材上右击，选择"效果"→"透视"→"3D 摄像机跟踪器"命令。

如果有需要，可以一次选择多个图层来使用 3D 摄像机跟踪器效果进行摄像机跟踪。但是要注意，对于已经处理过的视频数据做摄像机跟踪运算，因为画面中可能含有后期特效的原因，会造成计算数据不匹配或超出正常物理象限从而运算失败。比如，一些做了镜像倒影、模糊、柔光等处理的画面，部分数据是不匹配正常透视规律的，因此不适合用 3D 摄像机跟踪。

另外，视频必须与所在的合成大小一致，如果大小不匹配，则无法进行摄像机跟踪。

6.3.2　3D 摄像机跟踪器的效果设置

为图层创建 3D 摄像机跟踪器效果后，可以在效果属性面板对它的参数进行设置，其中主要参数详解如下。

1. 分析 / 取消

该参数用于开始或停止素材的后台分析。在分析期间，状态显示为素材上的一个横幅并且位于"取消"按钮旁。

2. 拍摄类型

该参数用于指定是以固定的水平视角、可变缩放还是以特定的水平视角来捕捉素材。更改此设置需要解析。

3. 水平视角

该参数用于指定解析器使用的水平视角。仅当拍摄类型设置为指定视角时才启用。

4. 显示轨迹点

该参数用于将检测到的特性显示为带透视提示的 3D 点（已解析的 3D），或由特性跟踪捕捉的 2D 点（如果素材为 2D 源）。

5. 渲染跟踪点

该参数用于控制跟踪点是否渲染为效果的一部分。

6. 跟踪点大小

该参数用于更改跟踪点的显示大小。

7. 创建摄像机

该参数用于创建 3D 摄像机。在通过上下文菜单创建文本、纯色或空对象图层时，会自动添加一个摄像机。

6.3.3　设置轨迹点和目标

1. 分析素材和提取摄像机运动

创建摄像机跟踪后，会自动进行视频分析。如果视频时间较长，这个分析的持续时间也会比较久。

在 3D 摄像机跟踪器的设置面板中，会显示分析的进度和所需要的时间。此外，还可以设置拍摄的类型、轨迹点大小和目标大小等参数。

待分析完毕后，视频中会显示 3D 解析的轨迹点，显示为小的着色的 x 形点，其中，绿色点表示追踪比较稳定，红色点表示追踪可能不太准确。如果轨迹点太小，可以调整 3D 摄像机跟踪器参数面板中的跟踪点大小。

3D 摄像机跟踪器所分析出的跟踪点，通常只出现在视频中的非运动物体上，且轨迹点具有近大远小的透视性，这样才能更好地解算出原始摄像机的运动，如图 6-13 所示。

图 6-13　摄像机跟踪

当进行视频编辑时，有时候会发现这些轨迹点突然"消失"了，这是什么原因呢？并不是出现了什么错误，而是因为要先在效果属性面板上选中"3D 摄像机跟踪器"效果时，才会显示这些跟踪点。

2. 选中轨迹点

通常需要用轨迹点来定义最合适的平面，可以选择要用作附加点的一个或多个跟踪点，有以下两种方法。

（1）移动鼠标指针到轨迹点附近，将鼠标指针在可以定义一个平面的三个相邻的未选定跟踪点之间徘徊，在这些点之间会出现一个半透明的三角形，同时会出现一个红色的目标靶面，其作用是选择与其关联轨迹点所定义的平面，在 3D 空间中显示平面的方向。

（2）可以使用套索工具对这些点进行框选，或按 Shift 键进行多选。当选择三个以上的轨迹点时，将构成一个红色的目标靶面。很多时候，选择正确的轨迹平面是 3D 摄像机跟踪成功的关键，所以要仔细观察目标的状态，确定是否选择了合适的轨迹点。

如果跟踪结果不是很理想，可在效果属性面板中的高级选项下尝试选择不同的"解决方法"或者尝试"详细分析"。

3. 移动目标

要移动目标以便将内容附加到其他位置，可以执行下列操作。

（1）当位于目标的中心上方时，将出现一个用于调整目标位置的移动指针。

（2）此时可以将目标的中心拖到所需的位置。

（3）在位于预期的位置之后，可以使用一些命令来附加内容。

（4）如果目标的大小太大或太小以致无法查看，可以调整其大小以便显示平面。在拖动目标时，按住 Alt 键的同时单击，当位于目标的中心上方时，将出现一个带水平箭头的指针，可以使用它来调整目标大小。

4. 取消选择跟踪点

要取消选择跟踪点，执行以下任一操作：

（1）按住 Alt 键的同时单击所选择的跟踪点；

（2）远离跟踪点单击。

5. 删除不需要的跟踪点

为了优化跟踪的效果，可以手动删除一些影响跟踪效果的点，比如那些出现在与摄像机运动无关的运动物体上的跟踪点。要删除不需要的跟踪点，执行以下操作。

（1）选择跟踪点，按下 Delete 键，或者从上下文菜单中选择删除。

（2）在删除不需要的跟踪点后，摄像机将重新解析。当重新解析在后台执行时，可以删除额外的点。

（3）删除 3D 点后，还将删除它所对应的 2D 点。

6.3.4　创建对象

通过对视频素材进行摄像机跟踪后，所产生的目标和轨迹点可以在用来创建一些对象，如文字、图片和阴影等。选择目标或者某个轨迹点后，右击会弹出可创建的对象列表项，其中比较常用的列表项作用如下。

1. 创建文本和摄像机

此命令用来创建可编辑的文本内容，所创建文本与对应轨迹点的三维空间坐标位置相同，同时还会创建一个摄像机，可用于观察文本对象，以及创建空间动画。通常用来在视频所拍摄的场景创建个性化的文字标题。

2. 创建纯色图层和摄像机

此命令可以用来在指定的目标位置上，创建纯色图层和摄像机，该图层与对应轨迹点或者目标的三维空间坐标位置相同。通过在纯色图层上添加蒙版或者各种效果，可以将这些效果应用于跟踪的目标点上，摄像机可以用来创建空间动画。

3. 创建空对象图层和摄像机

此命令可以用来创建空对象图层和摄像机，所创建的空对象图层会跟踪目标位置，如果将其他图层的父级设置为空对象图层，则该图层与对应轨迹点的运动同步。这一操作常用在 3D 摄像机跟踪中，可以灵活地创建各种效果。

4. 创建阴影捕手、摄像机和光

在创建文本后，如果需要创建阴影和摄像机，可以选择此命令，用来为效果创建逼真的阴影。阴影捕手图层是大小与素材相同的纯白色图层，但是设置为仅接受阴影，此图层默认与对应文本垂直。在生成阴影捕手图层时，如果尚不存在灯光，会自动创建一个灯光层。

阴影捕手有时会因为角度的问题而观察不到。如果出现这种情况，可以切换不同的视图模式，例如进入右侧视图或者顶部视图，适当调整阴影图层的大小和角度。

任务实施

本任务将为视频添加文字 LOGO 特效，可以运用 3D 摄像机跟踪的知识来完成这一任务。

步骤 1　创建 3D 摄像机跟踪器

（1）新建一个项目，命名为"文字跟踪"。导入本书配套资源文件夹 6-3 中的"云畔山景"视频，拖曳视频素材到新建合成按钮上，生成一个新的合成，将此合成命名为"文字跟踪"。

（2）右击视频素材图层，选择"跟踪和稳定"→"跟踪摄像机"命令，此时软件会自动对视频进行跟踪分析，大概需要十几秒的时间。待分析运算完成后，视频上会出现各种轨迹点。由于需要垂直于地面来创建 LOGO，所以用套索选择地面的轨迹点，此时在地面上产生一个红色的目标靶面，如图 6-14 所示。

图 6-14 选择红色的目标靶面

步骤 2 创建文本

（1）右击目标靶面，选择创建文本和摄像机，可以看到在时间轴窗口中多了一个摄像机图层和一个文本图层，此时文本的方向是与地面一致的，而它应该立起来。

（2）选择文本图层，按下快捷键 R 展开文本图层的旋转属性，将 x 轴旋转设置为 90°，让文本图层旋转 90°，垂直于地面。

还要适当调整文字的 z 轴位置，让它视觉上靠近路边。

（3）再调整文字的大小和颜色，将文字内容改为"欢迎来到云畔山景小区"，如图 6-15 所示。按下空格键预览视频，可以看到文字会跟随摄像机视角而移动。

图 6-15 创建跟踪文字

步骤 3 创建阴影

（1）接下来制作阴影效果。选中视频素材图层，如果此时没有显示轨迹点，可以打开效果属性面板，选中 3D 摄像机跟踪器，让轨迹点重新显示。

（2）再次框选住地面上的轨迹点，右击选择"创建阴影捕手、摄像机和光"。

（3）此时，可以看到时间轴窗口中多了一个名为"阴影捕手"的纯色图层和一个光源。双击光源图层，打开灯光设置对话框。将阴影深度和阴影扩散设置为 60%，这样阴影效果会比较柔和。

（4）在此步骤中，阴影捕手有可能会不显示。如果出现这种情况，可以切换到两个视图的模式，将左视图分别设置为右侧视角和顶部视图进行观察，调整阴影图层的大小和位置，并确保文字图层的材质选项中，"投影"效果为选中状态。

（5）当阴影捕手正常显示后，可以调整光源的位置，以产生不同角度的阴影，类似于太阳照射的投影效果，最后的文字投影效果如图 6-16 所示。

图 6-16　最终效果

📋 任务拓展

步骤 1　设置跟踪目标

（1）新建一个项目，命名为"文字跟踪"。导入本书配套资源文件夹 6-3 中的"楼盘"视频和"广告"的图片，拖曳视频素材到新建合成按钮上，生成一个新的合成，将此合成命名为"墙面广告"。

文字跟踪
动画 .mp4

（2）选中视频素材图层，在跟踪器窗口中，单击跟踪摄像机按钮。

（3）待分析运算完成后，视频上会出现各种轨迹点，将轨迹点的显示比例调大，选择笔记本背面的几个轨迹点，此时会出现一个圆心目标，如图 6-17 所示。

图 6-17　设置跟踪目标

步骤 2　创建空对象图层和摄像机

（1）右击，在弹出的列表项中，选择创建空对象图层和摄像机。在进行 3D 摄像机跟踪的过程中，如果需要让图片或者形状跟随轨迹点运动，通常会先创建一个空对象图层，该空对象图层与选中的圆心目标位置和运动方向一致。

（2）将"广告"图片放入合成中，并打开该图片层的三维开关，使其成为一个三维图层。现在我们需要让图片的位置跟墙面贴合，可以先将空对象图层展开，将其位置信息和旋转信息进行复制，再粘贴到图片上。这样就可以使图片的位置和角度跟封面完全一致。最后，再将LOGO 图片层的父级设置为空对象图层，让图片跟随空对象图层保持同步运动，如图 6-18 所示。

图 6-18　创建图片

步骤 3　修饰图片

（1）为了让图片的形状跟墙面更加协调，用钢笔工具给图片图层增加一个蒙版，让其近大远小的透视效果更加明显。

（2）再给图片添加一个颗粒效果，将强度设置为 2.5，大小设置为 3，让其颗粒感更强。将查看模式设置为"最终输出"。

步骤 4　创建文字

（1）再次框选墙面的轨迹点，右击目标靶面，选择创建文本和摄像机，可以看到在时间轴窗口中多了一个文本图层。

（2）选择文本图层，按下 R 键展开文本图层的旋转属性，适当调整文字的 z 轴位置，让它在的视觉大小看上去比较合理。

（3）再调整文字的大小和颜色，将文字内容改为"欢迎来到云畔山景"，最终效果如下图 6-19 所示。

图 6-19　最终效果

能力自测

一、选择题

1.一般来说，具有（   ）特征的对象不适合选择为跟踪对象。

　　A. 在整个视频持续过程中均清晰、完整和可见

　　B. 明亮度或颜色与周围区域明显不同

　　C. 形状清晰可辨认，并且周围区域没有类似的形状

　　D. 颜色和亮度有变化的对象

2.（   ）是跟踪点的组成部分。

　　A. 特征点　　　　　　B. 搜索点　　　　　　C. 搜索区域　　　　　　D. 附加区域

3.（   ）效果不适合使用一点跟踪来制作。

　　A. 人物面部美容　　　B. 图像的局部遮挡　　C. 替换手机屏幕　　　D. 粒子跟随效果

4.（   ）选项不可用于跟踪对象与周边环境的差异分析。

　　A. 形状　　　　　　　B. 明亮度　　　　　　C. 色彩　　　　　　　D. 对比度

5.（   ）方法可以创建摄像机跟踪器。

　　A. 在菜单栏上选择"动画"→"运动跟踪"命令

　　B. 在素材图层上，右击，在弹出的菜单项中选择"效果"→"跟踪和稳定"→"跟踪摄像机"命令

　　C. 在素材上右击，选择"动画"→"透视"→"3D 摄像机跟踪器"命令

　　D. 选择要跟踪的素材图层，在跟踪器窗口中，单击"稳定跟踪"按钮

6.对视频素材进行摄像机跟踪后，所产生的目标和轨迹点不可以用来创建（   ）对象。

　　A. 纯色图层和摄像机　　　　　　　　B. 空对象图层和摄像机

　　C. 文本图层和摄像机　　　　　　　　D. 形状图层和摄像机

7.在进行 3D 摄像机跟踪时，待分析完毕后，视频中会显示许多彩色的轨迹点，它具有（   ）特点。

　　A. 红色的点表示追踪比较稳定，绿色的点表示追踪可能不太稳定

　　B. 大小不可调整

　　C. 具有近大远小的透视性

　　D. 通常只出现在视频中的运动物体上

8.在进行 3D 摄像机跟踪并分析完毕后，发现轨迹点没有显示，应该（   ）。

　　A. 放大视频素材的显示比例

　　B. 检查"3D 摄像机跟踪器"面板中的参数，选中"渲染跟踪点"选项

　　C. 选择运动物体上的轨迹点，使用 Delete 键予以删除

　　D. 重新进行跟踪分析

二、填空题

1.运动跟踪是指_____，并将该_____应用于其他图层或效果控制点，使图像和效果_____。

2. 在 AE 中进行运动跟踪有多种方法，如_____、_____和_____等。

3. 进行跟踪时，需要设置跟踪点，它由_____、_____及_____这三个部分组成。

4. _____又称为采样范围框，是为_____在前后帧的位置变化所预留的采样范围。

5. 选择素材图层后，通过单击跟踪器窗口中的"分析"按钮，可以执行_____步骤。

6. _____用于跟踪四角平面区域的变化，可以计算分析被跟踪对象在二维平面上的_____信息。

单元7

数字校色技术

单元引言

在影视特效的制作过程中，数字校色是非常重要的一环。在原始的视频素材中，图像是中性的"标准"原色，在后期处理时，往往需要根据视频内容或者客户需求确定色彩风格，对前期素材进行一到两次的色彩校正。一方面，通过调色可以弥补视频素材的一些不足；另一方面，也可以营造不同的风格和氛围感，通过影片色彩刺激观众情绪。

本单元将重点介绍 AE 自带的一些调色插件，如曲线、色相、饱和度、色阶等，并通过这些插件进行影视项目的数字校色处理。

学习目标

知识目标

- 掌握视频和图像的色彩基础知识。
- 掌握色相 / 饱和度、色阶和曲线等效果的设置方法和基本操作。
- 掌握 AE 中数字校色的应用技巧。

能力目标

- 能使用数字校色的知识和技巧进行影视后期处理和特效制作。
- 通过项目任务的制作，全面培养学生的实践、审美和创新能力。

素养目标

- 全面提高学生的实践、审美和创新能力，提升学生的职业素养。
- 将水墨风等中国元素融入教材案例，用"中国风"的作品展现新时代风尚，激发学生的爱国情怀和民族自豪感。

📝 项目重难点

项目内容	工作任务	建议学时	重 难 点	重要程度
使用 AE 软件进行影视项目的数字校色	任务 7.1 色相 / 饱和度应用	2	了解颜色校正的基础知识；掌握色相 / 饱和度的参数设置	★★★★☆
	任务 7.2 色阶效果应用	1	掌握"色阶"工具的应用技巧	★★★☆☆
	任务 7.3 曲线效果应用	2	掌握"曲线"工具的通道设置	★★★★★
	任务 7.4 Lumetri 颜色插件应用	1	掌握"Lumetri"调色插件的应用技巧	★★★☆☆

任务 7.1 色相 / 饱和度应用

🖼 任务描述

　　林峰在一家影视动画公司工作，他所在的部门接到一个项目：为某影视项目进行后期校色。为了改变场景中的色调和亮度，他打算运用 AE 内置的色相 / 饱和度效果来完成这一任务。

📔 知识准备

7.1.1　颜色基础知识

1. 颜色校正

　　在 AE 中对多个图层进行合成时，通常需要调整或校正图层的颜色，AE 专门有很多用于颜色校正的内置效果。这类颜色校正一般出于以下几种原因。

　　（1）需要使多个素材项目看起来好像是在相同条件下拍摄的，以便可以一起合成或编辑它们。

　　（2）需要调整镜头的颜色，以使其看起来像是在同一时间拍摄的，如都是在夜晚而非白天拍摄的。

　　（3）需要调整图像的曝光度，以便从过度曝光的高光中恢复细节。

　　（4）需要增强镜头中的某一种颜色，因为需要合成具有该颜色的图形元素。

　　（5）需要将颜色限制到特定范围，如广播安全范围。

　　AE 提供了许多用于颜色校正的内置效果，其中包括色相 / 饱和度、曲线、色阶等效果。另外，还可以使用"应用颜色 LUT"效果进行颜色查找表中的颜色映射进行颜色校正。

2. 颜色模型和色彩空间

颜色模型是指使用数字描述颜色，以便使计算机可以操作颜色的方式。在 After Effects 中使用的颜色模型是 RGB 颜色模型。在这种模型中，每种颜色由红、绿、蓝这三种原色构成。根据它们的光量不同，可以构成各种颜色。除了 RGB 颜色模型之外，其他常用的颜色模型有 CMYK、HSB、YUV 和 XYZ。

色彩空间是颜色模型的变体。可通过色域（颜色范围）、基色、白场和色调响应来区分色彩空间。虽然其中每个色彩空间均使用相同的三个轴（R、G 和 B）定义颜色，但它们的色域和色调响应曲线却不相同。虽然许多设备都使用红绿蓝三色来记录或表达颜色，但这些组件具有不同特性，例如，一款摄像机的蓝色与另一款摄像机的蓝色可能不完全相同，因为记录或表达颜色的每台设备均具有自己的色彩空间。在将图像从一台设备传至另一台设备时，由于每台设备会按照自己的色彩空间解释 RGB 值，因此图像颜色可能看起来会有所不同。

7.1.2 色相 / 饱和度参数详解

色相 / 饱和度可以用来调整画面中的色相、亮度和色彩饱和度，是 AE 中使用频率非常高的一款内置调色插件。

单击效果菜单，执行"颜色校正"→"色相 / 饱和度"命令，可以为图层添加色相 / 饱和度效果，它的主要参数如下。

1. 通道控制

通道控制用于设置图层受色相 / 饱和度效果影响的通道，有主、红、黄、绿、青、蓝、洋红色这几个通道。如果选择主通道，则效果会作用于图层中所有的颜色通道；如果单独选择某个颜色通道，则该效果只会影响该颜色的通道。

2. 通道范围

通道范围用于设置受影响通道的色彩范围。上方色带表示调节前的原始颜色范围，下方色带表示调节后的颜色范围。在通道控制中，一旦选择了除主通道外的某个颜色通道后，通道范围的上方色带会出现两个长方形和两个三角形的游标。两个长方形之间是调整前的原始颜色主色，而两侧的游标则表示选中颜色的容差范围。例如选择了绿色通道，但是绿色和黄色之间的过渡区域也会发生颜色变化，如图 7-1 所示。

图 7-1　通道范围设置

3. 主色相

主色相用于控制指定颜色通道的色相，即改变某个颜色的色相，如替换图像画面中某个颜色（前提是没有其他颜色的干扰）。如图 7-2 所示，对于这个视频素材，将主色相设置为 + 90° 后，画面中的白色调变成了淡粉色，其他颜色也发生了相应的变化。

图 7-2　调整主色相

4. 主饱和度

主饱和度的数值介于 -100 ~ 100，用于设置颜色的饱和度数值。数值越高，颜色越鲜艳，反之则颜色越灰暗。当数值为 -100（最小值）时，图像变成灰度图；数值为 100（最大值）时，图像呈现像素化效果。如图 7-3 所示，同一张图片添加饱和度效果后，主饱和度从高到低的效果。

图 7-3　主饱和度从高到低的效果

5. 主亮度

主亮度用于设置通道亮度数值，数值为 -100 时，图像颜色全部转为黑色，数值为 100 时，图像颜色全部转为白色。

6. 彩色化

彩色化用来控制是否将指定图像进行单色化处理。选取后，画面成为单色，后面三个选项被激活。

7. 着色色相

着色色相用于控制单色的色相，用来将灰阶图像转换为单色图像。

8. 着色饱和度

着色饱和度用于控制单色图像的饱和度。

9. 着色亮度

着色亮度用于控制单色图像的亮度。

任务实施

本任务需要应用色相 / 饱和度效果为视频进行调色，将蓝色的天空调为橙色，红色的屋顶调整为金色，并降低整个画面的亮度，使其呈现出黄昏时分的画面效果，具体步骤如下。

视频数字
调色一 . mp4

步骤1　改变天空的颜色

（1）导入本书配套资源文件夹 7-1 中的视频素材"蓝天"，拖曳素材至合成按钮，新建一个合成，将其命名为"晚霞"。

（2）单击"蓝天"素材层，在效果菜单下，选择"颜色校正"→"色相 / 饱和度"命令，为图层添加一个调色效果。

（3）选择"蓝天"素材层，展开效果属性面板，打开色相 / 饱和度属性面板。选择蓝色通道，将蓝色色相调整为 +160°。

（4）此时，仔细观察一下画面，发现还有部分蓝色没有完全变成橙色。这是因为，在介于蓝色边缘的过渡色被保留了下来，没有替换成橙色，如图 7-4 所示。

图 7-4　替换"蓝色"

（5）保持蓝色通道，将左边的长方形游标向左移动，缩短容差范围，一边调整一边观察效果，直到颜色完全校正为止，如图 7-5 所示。

图 7-5　调整校色效果

步骤2　改变屋顶的颜色

（1）接下来调整屋顶的颜色，将红色的屋顶改为金色，这个部分的制作思路跟步骤 1 差不多。

（2）选择"蓝天"素材层，将色相 / 饱和度切换到红色通道，将红色色相调整为 +40°，并将红色饱和度设置为 20，让金色的部分颜色更浓郁一些。适当调整介于红色边缘的过渡色，直到完全达到设定的效果为止。

（3）将红色饱和度调整为 15，红色亮度调整为 20，增加屋顶的色彩浓度和亮度。

步骤3　调整画面的亮度

为了模拟黄昏时分的光线，接下来切换到主通道，将主亮度降为 -30，最终效果如图 7-6 所示。

图 7-6　最终校色效果

任务 7.2　色阶效果应用

任务描述

林峰在一家影视动画公司工作,他所在的部门接到一个项目:为某影视项目进行转场处理。他打算运用 AE 内置的"色阶"效果来完成这一任务。

知识准备

色阶效果可以过改变输入颜色或 Alpha 通道色阶的级别来获取一个新的颜色范围,并由灰度系数值确定值的分布,以重新修改视频画面亮度和对比度。此效果与 Photoshop 的"色阶"调整很相似,它使用 GPU 加速以实现更快的渲染,适用于 8 位、16 位和 32 位颜色。

单击效果菜单,执行"颜色校正"→"色阶"命令,可以为图层添加色阶效果,其属性面板如图 7-7 所示。

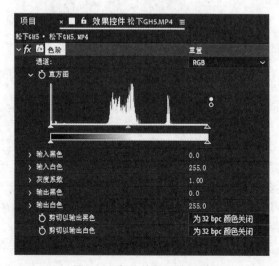

图 7-7　色阶效果属性面板

7.2.1　添加色阶效果

通过在通道菜单中选择 Alpha，可以使用色阶效果将遮罩中完全不透明或完全透明的区域转换为半透明区域，或将半透明区域转换为完全不透明或完全透明的区域。由于不透明度是基于单色的 Alpha 通道，因此此效果将完全透明视为黑色，将完全不透明视为白色。

使用大于 0 的"输出黑色阶"值可以将一系列完全透明的区域转换为半透明区域。使用小于 1.0 的"输出白色阶"值可以将一系列完全不透明的区域转换为半透明区域。

7.2.2　参数详解

1. 通道

通道控制用来设置图层受色阶效果影响的通道，可选择 RGB、红色、绿色、蓝色、Alpha 等。如果选择 RGB 通道，则色阶效果会调整图层中的整体色调；如果选择某个颜色，则该效果只会影响该颜色的通道。

2. 直方图

显示图像中像素的分布状态，水平方向表示亮度值，垂直方向表示该亮度值的像素数量，波形图下方的三个滑块分别与下面的三个数值对应：输入黑色、输入白色、灰度系数。波形图下方的带两个滑块的黑白渐变的滑块分别与输出黑色和输出白色对应。

3. 输入/输出黑色

对于输入图像中明亮度值等于"输入黑色"值的像素，提供"输出黑色"值作为新的明亮度值。"输入黑色"值由直方图下面左上方的三角形表示。"输出黑色"值由直方图下面左下方的三角形表示。

4. 输入/输出白色

对于输入图像中明亮度值等于"输入白色"值的像素，提供"输出白色"值作为新的明亮度值。"输入白色"值由直方图下面左上方的三角形表示。"输出白色"值由直方图下面左下方的三角形表示。

5. 灰度系数

确定输出图像明亮度值分布的功率曲线的指数，用于控制图像影调在被阴影和高光的相对值，主要是在一定程度上影响中间色，改变整个图像的对比度。

6. 剪切以输出黑色/白色

这两个属性可确定明亮度值小于"输入黑色"值或大于"输入白色"值的像素的结果。如果已打开剪切功能，则会将明亮度值小于"输入黑色"值的像素映射到"输出黑色"值，将明亮度值大于"输入白色"值的像素映射到"输出白色"值。如果已关闭剪切功能，则生成的像素值会小于"输出黑色"值或大于"输出白色"值，并且灰度系数值会发挥作用。

7.2.3　RGB 通道调整的方法

为某个素材图层添加色阶效果后，可以通过直方图的输入黑色、灰度系数、输入白色三个滑块来调整素材的明暗对比度，也可以直接在下方修改这三个参数的数值，但是前一个方法更加直观。

左边的输入黑色滑块对应的是图像的暗度，把这个滑块向左滑动可使图像的暗度变亮。调节中间的灰度系数滑块，可以使图像的中间调发生变化。右侧的输入白色滑块对应图像的亮度，向左调节可以使高光的部分变亮。

以图 7-8 中的素材为例，观察直方图的分布可以发现，左边的暗度有一部分是没有像素分布的，右边的亮度也是一样的情况，整个画面的亮度偏低，且对比度不强。

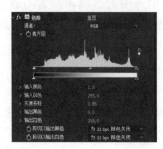

图 7-8　为素材添加色阶效果

因此，可以将左边的输入黑色滑块向右滑动，让暗度变暗；再将右侧的输入白色滑块向左调节可以使高光的部分变亮。这样，整个画面的明暗对比度会得到明显的改善，如图 7-9 所示。

图 7-9　改善后的色阶效果

7.2.4　单通道调整的方法

通道的调节基本原理和 RGB 一样，不过调整的不是亮度，而是颜色。单通道的调整是颜色通道与互补色之间的调整。参照图 7-10 中的色环，每种颜色对面的颜色就是其互补色，如红色的互补色为青色，黄色的互补色为蓝色。

图 7-10　色环

1. 红色通道

将左侧的滑块向左滑动，则增加阴影区域的红色。向右滑动，阴影区域的红色减淡，蓝绿色加深；右侧滑块则用来控制高光区域。

2. 绿色通道

将左侧的滑块向左滑动，则增加阴影区域的绿色。向右滑动，阴影区域的绿色减淡，紫色加深；右侧滑块则用来控制高光区域。

3. 蓝色通道

左侧的滑块向右滑动则阴影区域的蓝色减淡，橙色加深。右侧相反（高光区域）。

仍以 7.2.3 中的素材为例，虽然在 RGB 的通道中进行了整体的校色，但画面效果还是不太理想，因为素材中的图像对比度、绿色和红色的亮部均需适当调整。

先在 RGB 通道中将中间的滑块向左移动，提高整体亮度。再选择绿色通道，可以看到右边的暗度有一部分是没有像素分布的，将右边的滑块向左移动，将高光区域的绿色加深。再选择红色通道，将右边的滑块向左移动，将高光区域的红色加深，调整后的效果如图 7-11 所示。

图 7-11　细节调整效果

任务实施

本任务将使用色阶效果进行视频中的场景转换，具体步骤如下。

步骤 1　剪辑素材

（1）新建 AE 工程项目，命名"色阶转场 .aep"。要做转场效果，至少需要两张以上的图片素材或者视频素材，于是本案例导入"转场 1"至"转场 5"五个视频素材。

视频数字
调色二 . mp4

（2）新建合成"转场"，大小设置为 1920×1080，将持续时间设为 10 秒。

（3）将五个视频素材全部放入合成中。原视频素材大小与合成不一致，可以同时选中所有的素材层，右击然后选择"变换"后面的"适合复合宽度"，让视频与合成宽度一致。注意这里如果选择"适合复合宽度"，可以图片大小匹配合成尺寸，但是图片有可能会产生会变形，所以在应用"适合复合宽度"时要根据实际情况进行设置。

（4）同时选中所有的素材层，将当前时间指示器移到第 2 秒，按下 Alt +] 组合键将所有图片层的出点设置为第 2 秒，这样可以将所有素材图层的时间长度全部设置为 2 秒。

（5）为了让图层依次出现，可以选中多个图层，右击后在弹出的菜单中选择"关键帧辅助"→"序列图层"命令，这样可以快速对多个图层进行排序。

步骤 2　制作黑色转场效果

（1）为了能同时调整多个图层，可以在图片层的上方建立一个调整图层，然后给它添加色阶效果。运用色阶可以轻松打造多种转场效果，如黑色转场、曝光转场、白闪、渐黑等，本任务将使用第 1 种和第 2 种转场效果。

（2）将当前时间指示器转至第 1 秒 18 帧，选中调整图层，在色阶效果属性面板中，单击直方图前面的码表，创建一个关键帧。

（3）再将当前时间指示器转至第 2 秒，将色阶的"输出白色"调为 0。输出白色的参数值越小，画面越暗，数值降为 0 时，图像会变为全黑的画面。

（4）最后再将时间指示器转至第 2 秒 07 帧，将色阶的"输出白色"重新调整为255（默认值），此时画面为正常效果。

（5）预览效果，可以看到从视频一转到黑色，再转到视频二，中间有黑色的过渡效果，如图 7-12 所示。

图 7-12　黑色转场效果

步骤 3　制作曝光转场效果

（1）接下来，在视频二和视频三之间制作曝光转场效果。曝光转场的制作方法与黑色转场差不多，只是对应的参数值不同，可在前面制作的黑色转场基础上进行修改。

（2）选中调整图层，按 U 键展开它的所有关键帧，可以看到该图层目前有三个关键帧，将它们全部复制。

（3）将当前时间指示器转至第 3 秒 18 帧，按下 Ctrl + V 组合键粘贴已复制的三个关键帧。因为前后两个关键帧中，画面均为正常状态，所以只需要修改中间的关键帧即可。

（4）选中中间的关键帧（第 4 秒），单击色阶面板中的重置按钮，将它的效果还原，再将输入白色改为 0。"输入白色"值越低，画面曝光度越大。当数值降为 0 时，整个画面会变成白色。

（5）这样，视频二先转为白色，再转为视频三的曝光转场效果就制作完毕了，如图 7-13所示。

此外，还可以通过"输入黑色"和"输出黑色"的参数变化去制作渐黑、白闪等转场效果，方法跟前两种差不多，在此就不再赘述。

图 7-13　曝光转场效果

任务 7.3　曲线效果应用

任务描述

　　林峰在一家影视动画公司工作，他所在的部门接到一个项目：为某影视项目进行调色处理。他打算运用 AE 内置的曲线效果来完成这一任务。

知识准备

　　曲线效果通过改变曲线的形状来改变图像的色调、亮度和对比度，从而控制图像的暗部与亮部的平衡，能在小范围内调整 RGB 的数值。曲线的控制能力较强，利用亮部、阴影和中间色调这三个变量，可以对画面的不同色调进行灵活调整。

　　相比较于色阶效果，曲线效果有以下两个优势。

　　（1）能够针对画面整体和单独的颜色通道，精确地调整色阶平衡和对比度。

　　（2）通过调节指定的色调来控制指定范围的色调对比度。

7.3.1　参数详解

　　选中素材图层后，单击效果菜单，选择"颜色校正"→"曲线"命令，可以为图层添加曲线效果，其效果控件面板如图 7-14 所示。

　　坐标图中的 x 轴表示输入亮度从 $0 \sim 255$，y 轴表示输出亮度从 $0 \sim 255$。

1. 通道

　　设置图层受曲线效果影响的通道，可选 RGB、红色、绿色、蓝色、Alpha 等。同色阶效果类似，如果选择 RGB 通道，则曲线效果会调整图层中的整体色调；如果选择某个颜色，则只会影响该颜色的通道。

2. 曲线

　　为用户提供曲线的调节方式以改变图像的色调。

　　在曲线图形的左上角有三个小图标，可以调节曲线坐标图的大小。右上角的 N 形图标是贝塞尔曲线图标，可以在曲线上任意添加、删除、移动节点。铅笔图标则代表可以利用铅笔工具在曲线坐标图上任意绘制曲线。

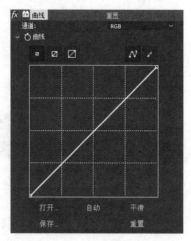

图 7-14　曲线效果控件面板

　　曲线坐标图下方的"打开"按钮可以打开已保存的曲线，"保存"按钮是保存当前调整的曲线以供下次使用，"自动"按钮是 AE 自动调整曲线对图像进行调整，"平滑"按钮是用来平滑曲线，多次平滑可以无限接近默认曲线，"重置"按钮则是恢复默认曲线。

7.3.2　曲线效果的 RGB 通道调整

　　导入一段视频素材，并为其添加曲线效果，此段视频素材整体偏暗，可以将曲线向上拖动，调整为上弦形，将素材整体提亮，如图 7-15 所示。

图 7-15　调整亮度前后对比

　　再为素材层添加一个"曲线"效果，此效果可在前一个曲线的基础上，进一步进行调色。在曲线中间单击一下，生成一个滑块，再将曲线调整为一个 S 形，如图 7-16 所示。可以看到，素材的明暗对比度明显有所改善。

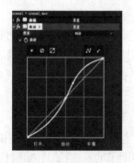

图 7-16　调节对比度

任务实施

曲线单色通道

本任务需要对视频素材画面的亮度、对比度及部分颜色的饱和度进行处理，让画面色调变得鲜艳一些。这里使用曲线来进行画面的校色处理，具体步骤如下。

视频数字
调色三．mp4

步骤 1　调整画面亮度

（1）新建 AE 项目"曲线校色"，导入本书配套资源文件夹 7-3 中的视频素材"曲线"，并将其拖曳到合成按钮上，建立一个新的合成，将其重命名为"校色"。

（2）在合成窗口中预览"曲线"素材，此段视频素材整体颜色偏浅灰色调，颜色饱和度偏低。单击此图层，为其添加曲线效果。

（3）在 RGB 通道中，将曲线整体向上调整为上弦形，提高画面整体亮度。

步骤 2　调整颜色

（1）画面的主要色调包含了红色、绿色和黄色，可以分别进行红色、绿色和蓝色通道的调整。先选择红色通道，将曲线调整为 S 形，增加画面亮部的红色，减少画面暗部的红色，增加青色，如图 7-17 所示。

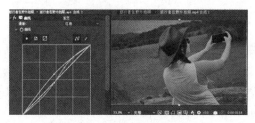

图 7-17　调节红色通道

（2）再选择绿色通道，将曲线整体向上调整为反 S 形，可加深高光区域的洋红色（绿色的互补色），再加深阴影区域的绿色。调整曲线值时，要注意幅度不可太大，否则会造成像素颜色的失真，画面出现颗粒感。

步骤 3　调整天空的颜色

（1）观察画面，发现天空的颜色偏灰，可以切换到蓝色通道，将曲线整体向上调整为上弦形，提高画面整体蓝色，但是调整后的效果并不理想。

（2）此时可以创建一个天蓝色的纯色图层，再按照天空部分的轮廓为其绘制一个蒙版。注意这个方法仅限天空部分固定不动的画面，如果视角有所变化，可以使用跟踪来进行锁定。

（3）为了让边缘部分衔接得更加自然，可以按下 F 键，将纯色图层蒙版的羽化值设为 200 左右，再将天空纯色图层的不透明度调到 60%。

调整前后对比效果如图 7-18 所示。

图 7-18　曲线校色效果

任务 7.4　Lumetri 颜色插件应用

任务描述

林峰在一家影视动画公司工作，公司接到一个项目：为某影视项目进行后期调色处理。他需要运用 AE 内置的 Lumetri 颜色效果进行画面亮度、饱和度、高光及阴影的综合处理。

知识准备

Lumetri 颜色是一款功能强大的调色插件，在 After Effects 2021 版中属于内置的调色插件。Lumetri 颜色的参数面板分为基本校正、创意、曲线、色轮、HSL 辅助和晕影几个模块。其中，基本校正模块主要用于进行颜色校正，其他模块则用于进行风格化的调整。

7.4.1　基本校正

基本校正模块主要是对光线、白平衡、画面颜色等属性进行校正，为后续的风格化调色铺垫。

1. 输入 LUT

在基本校正模块提供了多种预设效果，可以在输入 LUT 选项后面根据素材的拍摄设备进行选择。

这些预设效果可以将一些拍摄到的灰度素材快速还原。例如为一张图片添加 Lumetri 颜色中的预设一效果，前后对比如图 7-19 所示。

图 7-19　Lumetri 颜色预设效果

2. 白平衡

此项参数主要用于校正色彩，如果白平衡正确，调整后的画面与肉眼看到的真实画面基本一致。若白平衡不正确，则画面偏黄或偏蓝。

3. 色调

可以校正曝光、对比度、高光、阴影、黑色、白色等参数值。

4. 饱和度

用于设置色彩的浓度，数值范围：0 ~ 300。参数值为 0 时，画面转为黑色色调。

7.4.2　创意

创意模块主要进行一些风格化的效果设置，其主要参数如下。

（1）look：此选项后面有很多种预设效果，可以根据作品的风格进行选择。

（2）强度：控制预设的影响力，一般完成基础校色后，套用各种预设都不会有太大问题。

（3）调整：它可以用来淡化胶片，效果类似于降低饱和度，图像会有灰蒙蒙的质感，少量使用会提升质感。

（4）锐化：使焦内素材更清晰，而虚化部分则不受影响。

（5）自然饱和度：仅提升画面中饱和度不高区域的饱和度，可以避免某些区域饱和度过高。

（6）饱和度：控制画面饱和度。

（7）分离色调：可以分别控制阴影部分和高光部分的色调。

（8）阴影 / 高光色轮：用于控制画面阴影、高光部分的色相。

（9）色彩平衡：此参数中的滑块向左移时，画面偏向高光色相，向右移时偏向阴影色相。

7.4.3   曲线

RGB 曲线这个模块的功能与前文中介绍过的曲线插件类似，包括以下参数：

1. 白色
用来控制主画面的明暗度。

2. 红绿蓝通道
分别用来控制画面中的红—青、绿—洋红、蓝—黄这几种颜色的变化。

7.4.4   色相饱和度曲线

这个模块中包括了三个部分：色相与饱和度、色相与色相，以及色相与亮度。按照 A 与 B 格式，控制画面中 A 部分的 B 属性，通过取色器选取 A（整个画面中全部包含 A 属性的部分）。

7.4.5   色轮、HSL 曲线与晕影

1. 色轮
这个模块可以分别控制阴影、中间调、高光部分的亮度与色相变化，有点类似于色阶与色相饱和度的综合。

2. HSL 曲线
通过设置 HSL 曲线中的"键"，可以选取画面中的某个颜色，此后该面板下的一切操作仅对选取颜色的区域生效。

3. 晕影
用于进行画面四角的黑影调整。

任务实施

本次任务要运用 Lumetri 颜色插件为影视项目进行后期调色处理，具体步骤如下。

步骤 1   改善暗部效果

（1）新建 AE 工程，命名为"Lumetri 校色"。导入本书配套资源文件夹 7-4 中的图片

文件 boy.jpg。新建合成，选择预设：HDTV 1080 25，将此合成命名为 boy。

（2）将图片素材放入合成中，此图片尺寸较大，可右击选择"变换"→"适合复合宽度"命令，使图片与合成宽度相一致，并适当调整图片的 y 坐标，让人物处于画面中央。

（3）观察画面可知，由于拍摄时光线不强，且为逆光拍摄，图像中人物脸部较暗。整个画面色调偏灰。

（4）选中 boy 素材图层，为其添加一个 Lumetri 颜色效果。展开基本校正模块，在白平衡选择器中，用吸管在画面中白色区域单击一下，可以自动调整画面的色温和色调。可以反复尝试此步骤，以选取最佳效果。

（5）在色调选项组中，将曝光度设为 1，对比度降为 -80，高光设为 20，阴影部分设为 30，再降低黑色为 -16。这样可以提高画面的亮度，特别是暗部的亮度，降低灰度，从而改善因光照而引起的暗部问题，调整前后对比如图 7-20 所示。

图 7-20　改善暗部效果

步骤 2　调整色彩饱和度

接下来调整画面中的色彩饱和度。要想让图片中的天空显得更蓝，草显得更绿。可以展开曲线模块中的色相饱和度曲线，用取色器在天空的蓝色区域单击，此时选择器的颜色变为天蓝色，直方图的曲线中会出现几个控制点。将这几个圆形的控制点向上移动，就可以增加天空蓝色的饱和度，要增加绿色的饱和度，也可以用同样的方法来进行调整。校色后效果如图 7-21 所示。

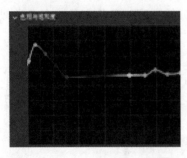

图 7-21　调整色彩饱和度

步骤 3　调整色轮和晕影

（1）展开色轮模块，调整阴影和高光部分的色相，让高光部分向蓝色区域偏移，可以让天空更加蓝色。再使阴影部分的色相向橙色区域偏移，可以使人物的脸部更加红润白皙。

（2）展开晕影模块，调整数量的值，当其为增量时，可以在画面四角产生白色的晕影，为负值时则产生黑色的晕影效果。本例将其数值设为 −5，最终效果如图 7-22 所示。

图 7-22 最终效果

 能力自测

一、选择题

1. 在 After Effects 中使用的颜色模型是（ ）颜色模型。

　A. RGB　　　　　　　　B. CMYK　　　　　　　C. HSB　　　　　　　　D. XYZ

2. 在 RGB 模型中，每种颜色由（ ）三种原色构成。

　A. 红、绿、蓝　　　　B. 红、黄、蓝　　　　C. 白、绿、蓝　　　　D. 黑、白、红

3. （ ）不可以用"色相 / 饱和度"调整画面中的色调、亮度和色彩饱和度。

　A. 画面的色调　　　B. 亮度　　　　　　C. 色彩饱和度　　　　D. 清晰度

4. 通道控制用来设置图层受色相 / 饱和度效果影响的通道，（ ）选项属于色相 / 饱和度的通道。

　A. 主通道　　　　　　B. 绿色通道　　　　C. 蓝色通道　　　　　D. 灰色通道

5. 关于色阶效果，（ ）方法是正确的。

　A. 使用"输出黑色"值为 0 和小于 0 的"输入黑色"值，可以将一系列半透明区域转换为完全透明的区域

　B. 使用大于 1.0 的"输出白色"值，可以将一系列完全不透明的区域转换为半透明区域

　C. 使用"输出白色"值 1.0 和小于 1.0 的"输入白色"值，可以将一系列半透明区域转换为完全不透明的区域

　D. 使用大于 1.0 的"输出黑色"值，可以将一系列完全透明的区域转换为半透明区域

6. 色阶效果波形图下方的三个滑块，分别对应（ ）。

　A. 输入黑色、灰度系数、输入白色　　　　B. 输出黑色、灰度系数、输出白色

　C. 输入黑色、灰度系数、输出白色　　　　D. 输出黑色、灰度系数、输入白色

7. 关于 Lumetri 颜色插件，以下（ ）说法是错误的。

　A. 参数面板分为基本校正、创意、曲线、色轮、HSL 辅助和晕影这几个部分

　B. 基本校正模块主要是对光线、白平衡、画面颜色等属性进行校正，为后续的风格化调色铺垫

　C. 饱和度参数用于设置色彩的浓度，参数值为 300 时，画面转为黑色色调

　D. 波形图中，图标左侧最暗至最亮处用 0 ~ 100 表示，其中大于 100 的部分为纯白

二、填空题

1."色相饱和度"的通道范围参数用来设置受影响通道的色彩范围，上方色带表示_____颜色范围，下方色带表示_____的颜色范围。

2.在色相色环图中，每个颜色的对面颜色都是其互补色，如红色的互补色为_____，黄色的互补色为_____，而绿色的互补色为_____。

3.曲线的控制能力较强，利用_____、_____和_____三个变量，可以灵活地调整画面的不同色调。

4.曲线的通道控制用来设置图层受曲线效果影响的通道，可选的颜色通道有_____、_____、_____、_____、_____等。如果选择某个颜色，则_____的通道。

5.白平衡参数主要用于校正色彩，如果白平衡_____，调整后的画面与肉眼看到的真实画面基本一致，白平衡_____，则画面偏黄或偏蓝。

6.Lumetri 颜色插件的色轮板块可以分别控制_____、_____、_____的亮度与色相变化，有点类似于色阶与色相饱和度的综合。

单元8

抠 像 技 术

单元引言

在影视后期制作过程中，经常会需要将人物视频与某个背景进行合成，这种对视频素材去除纯色背景，从而提取出主体的技术称为抠像。AE 中的抠像可以通过蒙版、Alpha 遮罩和键控来实现。有时候还可以结合这几种技术来减少抠像的复杂度，比如，在抠像之前，可以先用蒙版将不影响前景的背景内容去掉；对于质量不高的背景，可以在抠像之前使用其他的效果控件降低明暗对比或适当进行色相、饱和度等的统一。

前几章已经介绍过蒙版和 Alpha 遮罩的用法，键控技术主要就是在后期处理时，吸取画面中的某一颜色，使得此颜色相关区域成为透明，从而保留所需要的内容。这一类的视频素材在拍摄的时候，会专门为人物准备绿色或者蓝色的背景，俗称绿背或者蓝背。

本单元将重点介绍使用键控技术进行抠像，再应用 Advanced Spill Suppressor 等插件进行细节修复。

学习目标

知识目标

- 掌握黑白背景抠像方法及技巧。
- 掌握 keylight 抠像插件的设置方法和基本操作。
- 掌握 Advanced Spill Suppressor 等插件在抠像中的应用技巧。

能力目标

- 使用抠像方法及技巧进行影视项目的后期编辑和特效制作。
- 通过项目任务的制作，全面培养实践、审美和创新能力。

素养目标

- 掌握影视抠像的操作技巧，结合生产、服务第一线的需求，设计优秀的教学案例，全面提高学生的实践、审美和创新能力。
- 通过赏析优秀"主旋律"作品，潜移默化地开展思政教育，引导学生树立正确的世界观、人生观和价值观。

项目重难点

项目内容	工作任务	建议学时	重 难 点	重要程度
使用抠像技术进行图像的合成	任务 8.1 黑白背景抠像	2	了解图层的混合模式，掌握黑白背景抠像方法及技巧	★★★★☆
	任务 8.2 keylight 抠像	4	熟悉"keylight"效果的参数，掌握抠像技巧及细节处理	★★★★★
	任务 8.3 噪点解决	2	掌握"高级溢出抑制器"等内置插件应用，解决由于抠除了过多的颜色而造成一些噪点问题	★★★★☆

任务 8.1　黑白背景抠像

任务描述

李小薇在一家影视动画公司工作，她所在的部门接到一个项目：为某电视栏目进行后期制作。李小薇负责视频和场景的合成，她打算利用抠像的知识来完成这一任务。

知识准备

8.1.1　关于抠像

在 AE 中，抠像是指按图像中的特定颜色值或亮度值去定义图像的透明度。如果设定某个值，则颜色或明亮度值与该值类似的所有像素将变为透明。

通过抠像可轻松替换背景。因为使用比较复杂的物体而无法轻松进行遮蔽时，这种技术非常有用。可以将某个已抠像图层置于另一图层之上，生成一个新的合成，这样原来图像中的背景就会被其他图层所替换。

在影片中，经常能够看到采用抠像技术制作的合成，例如，演员悬挂在直升机外面或者漂浮在太空中。为创建这类效果，演员在影片拍摄中应位于纯色背景屏幕前的适当位置，然后会抠出背景颜色，包含该演员的场景将合成到新背景上。

抠出颜色一致的背景的技术通常称为蓝屏或绿屏，然而屏幕的颜色也不仅仅局限于蓝色或绿色，可以使用任何纯色，例如可以使用红色屏幕，它通常用于拍摄非人类对象，例如汽车和宇宙飞船的微型模型。在一些因视觉特效出众而闻名的电影中，就曾使用过洋红色屏幕进行抠像，这种抠像的其他常用术语包括"抠色"和"色度抠像"。

另外，还可以使用差值抠像。它的工作方式与抠色不同之处在于，差值抠像定义与特定基础背景图像相关的透明度，可以抠出任意背景，而不是抠出单色屏幕。要使用差值抠像，必须至少具有一个只包含背景的帧，其他帧将与此帧进行比较，并且背景像素将设置为透明，以保留前景对象。杂色、颗粒和其他微妙的变化都可能使差值抠像在实践中难以应用。

After Effects 包括几个内置的抠像效果：抠像清除器、高级溢出抑制器，以及曾经获得许多奖项的 Keylight 效果。Keylight 在制作专业品质的抠色效果方面表现出色。

8.1.2　抠除黑色背景

1. 图层混合模式

对黑色背景的素材进行抠像是比较容易的，不需要使用插件，直接设置图层的混合模式即可。图层的混合模式控制每个图层如何与它下面的图层混合或交互。由于 After Effects 中的图层的混合模式种类非常之多，本文重点介绍几种常用的模式。

1）正常模式

这是图层混合模式的默认方式。在此模式下，源图层不和其他图层发生任何混合，当前图层像素的颜色完全覆盖下方图层的颜色。

2）溶解模式

溶解模式产生的像素颜色来源于上下混合颜色的一个随机置换值，与像素的不透明度有关。将目标图层图像以散乱的点状形式叠加到底层图像上时，对图像的色彩不产生任何的影响。通过调节不透明度，可增加或减少目标图层散点的密度。其结果通常是画面呈现颗粒状或线条边缘粗糙化。

3）变暗模式

该模式是混合两图层像素的颜色时，对这二者的 RGB 值分别进行比较，取二者中低的值再组合成为混合后的颜色，所以总的颜色灰度级降低，造成变暗的效果。

4）正片叠底模式

此模式将考察图层每个通道里的颜色信息，并对底层颜色进行正片叠加处理。其原理和色彩模式中的"减色原理"是一样的，这样混合产生的颜色总是比原来的要暗。如果和黑色发生正片叠底的话，产生的就只有黑色。而与白色混合就不会对原来的颜色产生任何影响。

5）颜色加深

使用这种模式时，会让图层的颜色变暗，叠加的颜色越亮，效果越细腻，有点类似于正片叠底，但不同的是，它会根据叠加的像素颜色相应增加底层的对比度，和白色混合时没有效果。

6）变亮模式

与变暗模式相反，变亮混合模式是将两像素的 RGB 值进行比较后，取高值成为混合后的颜色，因而总的颜色灰度级升高，造成变亮的效果。用黑色合成图像时无作用，用白色时则仍为白色。在这种模式下，较淡的颜色区域在合成图像中占主要地位。

7）屏幕模式

它与正片叠底模式相反，合成图层的效果是显现两图层中较高的灰阶，而较低的灰阶则不显现，即浅色显示，深色不显示，产生出一种类似去黑的效果，生成一幅更加明亮的图像。与黑色以该种模式混合没有任何效果，而与白色混合则得到 RGB 颜色最大值白色。

8）叠加模式

采用此模式合并图像时，综合了相乘和屏幕模式两种模式的方法。即根据底层的色彩决定将目标层的哪些像素以相乘模式合成，哪些像素以屏幕模式合成。合成后有些区域图变暗，有些区域变亮。一般来说，发生变化的都是中间色调，高色和暗色区域基本保持不变。

2. 屏幕模式应用

如果仅仅是要去除掉图像中的黑色背景，可以将所在的图层模式设置为"屏幕"，具体方法如下。

（1）选择要设置的图层，看看是否显示"模式"这一栏。如果没有显示，可以在时间轴窗口的左下角，单击"展开／折叠转换控制窗格"按钮，即可以展开图层控制和图层模式面板，在图层"模式"栏中可以选择不同的图层叠加方式。

（2）将图层混合模式设置为"屏幕"，此时图层的黑色部分会被替换成透明色。

（3）再将要替换的背景图片放在素材图层的下方，也可以建立一个纯色图层作为背景，此时两个图层会进行叠加，从而替换掉原来的黑色背景，如图 8-1 所示。

图 8-1 "屏幕"模式

观察上图可以发现，用图层混合模式的改变虽然可以将黑色背景改为透明，但这种方法存在很大的局限性，因为主体部分的深色部分也会被去除或者损坏。所以这种方法只适用于主体部分整体偏亮且不含黑色的图像。

8.1.3 提取效果

对于含有白色或黑色背景的图像素材，可以使用提取效果来进行抠像。提取效果根据亮度范围进行抠像，主要用于白底或黑底的抠像，也可用于消除镜头中的阴影。

单击"效果"菜单，选择"抠像"→"提取"命令，为素材图层添加提取命令，其属性参数详解如下。

（1）通道：用于选择应用抽取键控的通道。可以选择明亮度、红色、绿色、蓝色和 Alpha 通道。

（2）黑场：用于设置暗度的阈值，小于该参数的颜色会转为透明色。

（3）白场：用于设置亮度的阈值，大于该参数的颜色会转为透明色。

（4）黑色柔和度：用于设置暗部区域的柔和度。

（5）白色柔和度：用于设置亮部区域的柔和度。

（6）反转：用于反转键控区域。

导入一张图片素材，并为其添加提取效果，如图 8-2 所示。

图 8-2　添加"提取"效果

因此图片的背景为白色，要去除白色，就要将白场的参数提高，以减少图像中的白色区域。但是，如果数值变化过大，有可能会造成图片的主体部分也被去除。这里将数值设置为 251。

再新建一个绿色的纯色图层，将该图层放置于图片的下方作为新的背景。效果如图 8-3 所示。

图 8-3　更换"背景"颜色

8.1.4　颜色范围效果

颜色范围同样是 AE 中提供的内置抠像效果之一，可用于去除指定的颜色，并将其替换成透明度。通过吸管工具指定颜色范围。此抠像效果适合应用于包含多种颜色的屏幕，或在亮度不均匀、包含同一颜色不同阴影的背景上，当然，也可以用来去除黑色或者白色背景。

其主要参数如下。

（1）预览：该选项下以黑白色显示图像，单击右边的吸管，在图像上单击背景部分，则可去除该颜色范围的背景。如果背景颜色不均匀，可单击加号吸管工具，继续添加要消除的颜色。

（2）模糊：可以柔化透明和不透明区域之间的边缘。

（3）色彩空间：可以在 Lab、YUV 或 RGB 等三种颜色空间中选择一种，默认为 Lab 模式。如果使用一种颜色空间难以隔离主体，则尝试使用其他颜色空间。

（4）最小值和最大值：使用最小值和最大值控件中的滑块，微调使用加号和减号吸管选择的颜色范围。L、Y、R 滑块可控制指定颜色空间的第一个分量；a、U、G 滑块可控制第二个分量；b、V、B 滑块可控制第三个分量。拖动最小值滑块，以微调颜色范围的起始颜色。拖动最大值滑块，微调颜色范围的结束颜色。

任务实施

本任务需要为一个影片制作后期效果，将两个场景视频进行合成，替换掉其中一个视频的背景。可以使用颜色范围对其中一个视频进行抠像以达到合成的效果。

步骤 1　素材编辑

（1）新建 AE 项目，命名为"抠像合成"。导入本书配套资源文件夹 8-1 中的素材"树"和"日出"两个素材。

（2）新建一个合成，命名为"抠像"，预设为 HDTV 1080 25，持读时间为 5 秒。

（3）将"日出"素材文件插入合成中，这个图片比较大，为了让它跟合成相匹配，可以右击"日出"图层，在弹出的菜单中选择"变换"→"适合复合"命令。此步骤会导致图片被拉宽，在本例中由于背景是虚化的，所以可以这样进行处理。也可以选择"适合复合宽度"，保持图片原有的比例，这样图片将只显示一部分。

（4）再将"树"插入合成中，置于日出图层的上方。由于图片较大，需要将其缩小到 25% 左右，放移到合成的左边，如图 8-4 所示。

图 8-4　素材合成

步骤 2　颜色范围抠像

（1）单击"树"图层，选择"效果"→"抠像"→"颜色范围"命令，为此图层添加颜色范围效果。

（2）展开颜色范围效果属性面板，"色彩空间"保持默认的"Lab"空间即可。

（3）选择"主色"吸管，然后单击遮罩缩览图，以选择合成窗口中图像的蓝色背景区域，注意第一种颜色选择覆盖最大区域的蓝色。再单击加号吸管选择其他部分的蓝色，直到背景完全去除。如果不小心抠除了主体部分，可以选择减号吸管，单击此部分进行还原。

（4）如果背景部分较为复杂，为了让背景抠得更加干净，也可以为"树"绘制一个蒙版，再进行"颜色范围"抠像。

步骤 3　细节调整

（1）开启"树"图层的独显，以便进行细节的调整。

（2）拖动模糊滑块，将模糊值设置为 20，让树的边缘部分看起来不会太过生硬。

（3）此时再观察"树"图层，发现背景部分还是没有完全清除掉。可以使用最小值和最大值控件中的滑块，微调使用加号和减号吸管选择的颜色范围。一边调整，一边观察背景部分的变化，即要保证背景能清除，也要注意不要将主体破坏掉。本例中的参数数值如图 8-5 所示。

图 8-5　最小值和最大值设置

完成细节调整后，取消"树"图层的独显，可以看到最终的效果如图 8-6 所示。

图 8-6　最终效果

任务 8.2　Keylight 抠像

任务描述

李小薇在一家影视动画公司工作，她所在的部门接到一个项目：为某电视栏目进行后期制作。李小薇负责为视频和场景的合成，她打算使用 Keylight 插件来完成视频背景替换，从而为视频的主体转换不同的场景。

Keylight
抠像 .mp4

📕 知识准备

以绿幕或蓝幕等纯色为背景的视频素材，适合用一些效果插件进行抠像，因为人体的自然颜色中不包含这两种色彩，用它们做背景不会和人物混在一起；同时，这两种颜色是RGB系统中的原色，也比较方便处理，但是要注意前景物体上不能包含所选用的背景颜色，必要时可以选择其他背景颜色，而且背景颜色必须一致，光照均匀，要尽可能避免背景颜色和光照深浅不一。AE中抠像的基本思路都是指定一种颜色范围来产生透明度，从而进行抠像操作。本任务主要介绍 keylight 效果的应用方法。

8.2.1 添加 Keylight 效果

Keylight 是一款工业级别的蓝幕或绿幕键控器，在制作专业品质的抠像效果方面表现出色，尤其擅长处理半透明区域、毛发等细微抠像工作，并能精确地控制残留在前景上的蓝幕或绿幕的反光，因此可以说是 AE 中最常用的一种抠像效果。

要为素材图层添加 Keylight 效果，可以先单击图层，然后在效果菜单下选择Keying → Keylight（1.2）命令。它的效果属性面板如图 8-7 所示。

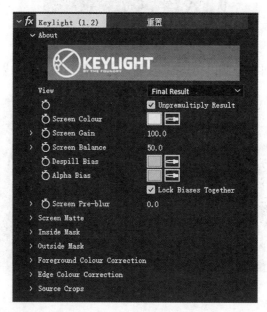

图 8-7　Keylight 效果属性面板

8.2.2 Keylight 主要参数

1. 视图（View）

默认值为 Final Result（最后结果），也就是显示最终调整后的结果。在 Keylight 抠像的过程中，为了观察去色的效果，经常会需要切换到其他的视图，如屏幕遮罩（Screen Matte）、中间结果（Intermediate Result）、状态（Status）等。

（1）屏幕遮罩：通过黑白灰三色，显示被抠掉蓝绿背景屏后的 Alpha 结果。通过该参数可以改善遮罩效果。

（2）中间结果：此视图模式下，视频中人物和对象附近的边缘将处理得更加清晰。

（3）状态：用来检查图像的 Alpha 通道。例如，抠像后前景中有透明的地方，直接观看不一定能察觉，但是如果使用状态视图，会将透明、半透明和不透明的状态用黑白灰三色显示，就能够更加细致地分析抠像的效果。

2. 屏幕颜色（Screen Colour）

默认为绿色，用来选择要抠掉的颜色。可以用吸管工具到图像上吸取相应的颜色，该颜色就会被替换成透明色。

3. 屏幕增益（Screen Gain）

抠像以后，可以用来调整 Alpha 暗部区域的细节。

4. 屏幕平衡（Screen Balance）

用于调整 Alpha 通道的对比度。此参数在执行抠像操作后，会自动设置数值。如背景为蓝屏，一般设为 0.05 左右效果最佳。如背景为绿屏，则可以设为 0.5 左右。

5. 去除溢色偏移（Despill Bias）

此参数一般保持默认状态即可。

6. 偏移（Alpha Bias Alpha）

用于设置透明度的偏移，可使 Alpha 通道向某一种颜色发生偏移。

7. 屏幕预模糊（Screen Pre-blur）

如果原始素材有噪点，可以用此参数来模糊掉比较明显的噪点，从而得到较好的 Alpha 通道。

8. 屏幕遮罩（Screen Matte）

（1）剪切黑色（Clip Black）：让接近黑色的 Alpha 值变成黑色。

（2）剪切白色（Clip White）：让接近白色的 Alpha 值变成白色。

（3）剪切回滚（Clip Rollback）、屏幕收缩 / 扩展（Screen Shrink/Grow）：调整边缘的效果。

（4）屏幕柔和度（Screen Softness）：在噪点明显的时候，可以进行柔化。

（5）屏幕强制黑色（Screen Despot Black）：用于在白色 Alpha 通道上去除黑色。

（6）屏幕强制白色（Screen Despot White）：用于在黑色的 Alpha 通道上去除白色。

（7）替换方法（Replace Method）：指定用什么方式来替换 Alpha 的边缘。

任务实施

本任务我们要用抠像技术实现影片中的转场特效，从一个室内的场景，通过一扇门的慢慢打开，跳转到沙漠中的雄狮。这类转场效果具有较强的视觉冲击力，在很多影片中都有应用到，下面介绍具体的操作步骤。

步骤 1　前景设置

（1）新建项目，命名为"沙漠雄狮"。双击项目窗口，分别导入本书配套资源文件夹 8-2 中的"狮子"和"门"视频，以及"沙漠"图片。在项目窗口中，拖动"门"至"新建合成"按钮，建立一个新的合成。

（2）"门"视频时间比较长，且前面一段对整体视频效果无用。接下来，可以对此视频素材进行剪辑，双击"门"图层，进入图层的编辑窗口，将视频的入点设置为 22 帧，剪掉前面的部分。

（3）回到合成窗口，单击"门"图层，为其添加 Keylight 效果。展开 Keylight 效果属性面板，使用屏幕颜色的吸管工具在图像上取背景色，得到初步抠像结果。

（4）使用视图下拉列表查看最终效果以及生成的屏幕遮罩。观察发现，由于该图层色彩较为简单统一，所以经过初步的设置，绿色背景已经抠得很干净了。

步骤 2　主体设置

（1）接下来把"狮子"视频素材也拖到合成中来，并使其位于"门"图层的下方。此素材尺寸比较大，可展开图层的缩放属性，将其比例设置为 50% 左右。

（2）单击"狮子"图层，为其添加 Keylight 效果。展开 Keylight 效果属性面板，使用屏幕颜色的吸管工具在图像上取背景色，得到初步抠像结果。

（3）在屏幕遮罩模式下，可以看到除狮子之外，背景部分还有一些灰色，说明背景没有完全抠除干净，如图 8-8 所示。此时还需要对抠像细节进行调整。

图 8-8　Keylight 初步抠像效果

（4）展开屏幕遮罩属性组，使用剪切黑色和剪切白色等优化遮罩。本例中，可将剪切黑色设置为 25 左右，剪切白色设置为 92 左右。

（5）如果前景中有与屏幕颜色一样颜色的物体且必须保留时，可考虑使用内部蒙版（Inside Mask）。还可以通过前景颜色校正（Foreground Colour Correction）属性组来对抠出的前景进行颜色校正。

（6）仔细观察狮子，发现边缘部分处理得不够精细。在屏幕遮罩属性组中，调整屏幕收缩 / 扩展参数值为 -9，屏幕柔和度为 1，以改善边缘效果，调整完毕后，将视图重新改为最终效果。

可以看到调整细节以后，狮子的边缘部分抠得更加干净了。

步骤 3　合成效果

（1）为了跟背景融合得更好，还可以为"狮子"绘制一个蒙版，并设置其羽化值为 90。

（2）将"沙漠"图片拖到合成中，此图片将作为背景，因此需要放到"狮子"图层下方。由于"沙漠"图片的尺寸较大，可以选中此图层，按下 Ctrl + Alt + F 组合键，执行"适合复合"命令，最终效果如图 8-9 所示。

图 8-9 最终合成效果

任务 8.3 噪点解决

任务描述

李小薇所在的公司要为某电视栏目进行后期制作。在对视频进行抠像时，她发现当抠除过多颜色时会造成一些噪点，于是打算用高级溢出抑制器等插件来解决这些问题。

知识准备

在对视频抠像以后，经常会由于抠除了过多的颜色而造成一些噪点。AE 中提供了一些内置插件用来解决这些噪点问题。

1. 高级溢出抑制器（Advanced Spill Suppressor）

它可以从抠像图层中移除杂色，包括边缘及主体内所染上的环境色。可去除用于颜色抠像的彩色背景中的前景主题颜色溢出。它提供了两种方法，其中"标准"方法可自动检测主要抠像颜色，而"极致"方法是基于 AE 中的超级键效果的溢出抑制。

例如在对人物抠像时，经常会在衣服和头发部分产生绿幕或者蓝幕的反光，也就是人物边缘会出现绿光或蓝光，此时为图层添加一个高级溢出抑制器就可以解决这个问题。

2. 简单威亚移除效果（CC Simple Wire Removal）

这个插件主要用于去除两点之间的一条线，经常用于擦除视频画面中演员身上的威亚，也可以用来去除画面中的悬挂杆、支撑杆之类的东西。它的主要参数如下。

（1）Point A/B：这两个点用来定义威亚的起点和终点位置。

（2）移除风格（Removal Style）：用来定义移除的方式，包括：渐隐（Fade）、帧偏移（Frame Offset）、置换（Displace）和水平置换（Diplace Horizontal）等。

（3）厚度（Thickness）：用来定义两点之间产生的线段的厚度。

3. 抠像清除器（Key Cleaner）

可恢复通过典型抠像效果抠出的场景中的 Alpha 通道细节，包括恢复因压缩伪像而丢失的细节，用来平滑或恢复图像边缘。

它只影响 Alpha 通道，常常在对素材进行 Keylight 抠像后，再对一些丢失的边缘细节进行修复。

在进行抠像时，可以直接在效果和预设面板中输入"key"，可以找到"三合一抠像法"，即"Keylight + 抠像清除器 + 高级溢出抑制器"动画预设，直接为图层添加这三个插件，这样使用起来更加方便。

4. 内部 / 外部键（Inner/Outer Key）

这个效果可以基于内部和外部路径从图像中提取对象，通常需要创建蒙版来定义要隔离的对象的边缘内部和外部。这里所创建的蒙版可以简单一点，不需要完全贴合对象的边缘。

除在背景中对柔化边缘的对象使用蒙版以外，此效果还会修改边界周围的颜色，以移除沾染背景的颜色。在颜色净化过程中，会确定背景对每个边界像素颜色的影响，然后移除此影响，从而移除在新背景中遮罩柔化边缘的对象时出现的光环。

5. 差值遮罩（Difference Matte）

此效果可以对两个图层中不同的区域进行抠像，将这两个图层分别设置为源图层和差值图层，再通过对比源图层和差值图层，抠出源图层中与差值图层中的位置和颜色匹配的像素。

此效果经常用于抠出移动对象后面的静态背景，再用其他背景替换掉原来的背景，此效果最适用于使用固定摄像机和静止背景拍摄的场景。

6. 提取（Extract）

此效果面板中包含用于指定通道的直方图，可以基于一个通道的范围进行抠像，抠出指定亮度范围。

此效果适用于黑色或白色背景中拍摄的图像，或在包含多种颜色的黑暗或明亮的背景中拍摄的图像。

7. 线性颜色键（Linear Color Key）

此效果可以用于抠出指定颜色的像素。其基本原理是通过将图像的每个像素与指定的主色进行比较，如果像素的颜色与主色近似匹配，则此像素将变得完全透明，而不太相似的像素将变得不太透明，完全不匹配的像素保持不透明，也就是说，抠像后的透明度值形成线性增长趋势。

8. 颜色范围（Color Range）

此效果可以基于指定的颜色范围抠像，它适用抠除于包含多种颜色的图像背景，或在亮度不均匀、画布有阴影和褶皱的蓝屏或绿屏上。

9. 颜色差值键（Color Difference Key）

此效果将图像分为"遮罩部分 A"和"遮罩部分 B"两个区域，在相对的起始点创建透明度。"遮罩部分 B"使透明度基于指定的主色，而"遮罩部分 A"使透明度基于不含第二种不同颜色的图像区域。

颜色差值键可以为以蓝屏或绿屏为背景拍摄的、亮度适宜的素材项目实现优质抠像，适合包含透明或半透明区域的图像，如烟尘、阴影或玻璃等。

任务实施

本任务将运用 Keylight 插件和高级溢出抑制器进行人像抠图，为某电视栏目建立一个虚拟直播间，下面介绍具体的操作步骤。

噪点解决.mp4

步骤 1　添加 Keylight 效果

（1）新建一个名为"虚拟直播间"的工程项目。双击项目窗口的空白处，导入一段本书配套资源文件夹 8-3 中的"直播"视频素材。

（2）单击"视频素材"图层，在效果和预设面板中搜索 Keylight 效果，为其添加抠像效果。

（3）在 Keylight 效果属性面板中，用屏幕颜色后面的吸色器在屏幕的蓝色背景处单击，去除画面中的蓝色。使用 Keylight 抠图前后效果如图 8-10 所示。

图 8-10　Keylight 抠图

（4）在视图下拉列表选择屏幕遮罩，在屏幕遮罩观察方式下画面的对比增强了，画面中的背景部分已经变成了黑色，说明这部分已经完全转为透明色。而人物为白色，夹杂了部分灰色，说明人物区域存在半透明的噪点，需要进一步调整，如图 8-11 所示。

图 8-11　屏幕遮罩模式

步骤 2　边缘处理

（1）展开屏幕遮罩属性组，使用剪切黑色和剪切白色等优化遮罩。本例将剪切黑色设为 5，剪切白色设置为 94 左右，让人物部分转为纯白色，效果如图 8-12 所示。

图 8-12　去除噪点

（2）仔细观察图像，发现人物边缘部分处理得不够细致，有比较明显的黑边，需要继续调整参数。

（3）在屏幕遮罩属性组中，调整屏幕收缩 / 扩展参数值为 −1.5，让边缘处稍稍收缩一点，这样黑边的现象就基本解决了。注意在调整时，参数值不宜修改得太多，否则会造成边缘的像素丢失。再将屏幕柔和度设为 1，这个参数可以对边缘进行柔化，让图像跟背景结合得更加好。

步骤 3　反光处理

（1）如果调整屏幕收缩 / 扩展参数值还是不能完美解决黑边或者边缘处反光的问题。可以选择效果菜单中"抠像"→"高级溢出抑制器"命令，此效果可以迅速去除人物边缘的反光色。

（2）调整完毕后，将视图重新改为最终效果。

（3）导入名为"背景 .png"的图片，并拖到合成中，将其置于"直播"素材层下方。调整图片的大小，使其与合成大小相匹配。

（4）由于本例中所使用背景图片亮度过高，可以为其添加一个曲线效果，将亮度降低。有时，也可以添加色相 / 饱和度或者色阶效果，让背景与人物的色调更加协调。最终效果如图 8-13 所示。

图 8-13　最终效果

能力自测

一、选择题

1. 在 AE 中使用（　　　）图层混合模式，会让图层的颜色变暗。

    A. 屏幕模式　　　　　B. 溶解模式　　　　　　C. 叠加模式　　　　　　　　D. 正片叠底模式

2. 如果要去除掉图像中的黑色部分，可以将所在的图层模式设置为（　　　）。

    A. 屏幕模式　　　　　B. 溶解模式　　　　　　C. 叠加模式　　　　　　　　D. 正片叠底模式

3. 在使用"提取"效果时，要去除图像中的白色部分，可使用（　　　）方法。

    A. 将"黑场"的参数提高　　　　　　　　B. 将"白场"的参数提高

    C. 将"白场"的参数降低　　　　　　　　D. 将"白色柔和度"的参数提高

4. 关于"颜色范围"效果，（　　　）说法不正确。

    A. 此抠像效果只能对单色背景的图像进行抠像

    B. 可以选择 Lab、YUV 或 RGB 等三种颜色空间

    C. 如果背景颜色不均匀，可单击加号吸管工具，继续添加要消除的颜色

D. 它是 AE 中提供的内置抠像效果

5. 关于 Keylight 抠像插件,(　　　)方法是不正确的。

A. 它能精确地控制残留在前景上的蓝幕或绿幕的反光

B. 在"屏幕遮罩"模式下显示为黑白灰三色,可以改善遮罩效果

C. 在状态模式下,视频中人物和对象的边缘将处理得更加清晰

D. 调大剪切黑色的数值,可以让接近黑色的 Alpha 值变成黑色

6. (　　　)情况下需要使用高级溢出抑制器。

A. 要去除两点之间的一条线

B. 恢复通过典型抠像效果抠出的场景中的 Alpha 通道细节

C. 要从抠像图层中移除杂色,包括边缘及主体内所染上的环境色

D. 要对两个图层中不同的区域进行抠像

二、填空题

1. 抠像通常会设定某个值,颜色或明亮度值与该值类似的所有像素将_____,为了方便抠像,一般会将背景设置为_____或_____。

2. 图层的变亮模式是将两像素的_____进行比较后,_____成为混合后的颜色,造成_____的效果。

3. "提取"效果根据_____进行抠像,主要用于_____的抠像,也可用于消除镜头中的_____。

4. 在使用"颜色范围"效果时,如果背景颜色不均匀,可单击_____工具,继续添加要消除的颜色,如果要柔化透明和不透明区域之间的边缘,可以提高_____值。

5. 在 Keylight 效果中,_____可以让接近黑色的 Alpha 值变成黑色,_____可以让接近白色的 Alpha 值变成白色。

6. 如果进行人物抠像时,在衣服和头发部分产生绿幕的反光,可以为图层添加一个_____效果。

单元9

综 合 应 用

📖 单元引言

　　前几单元介绍了如何使用 After Efftects 的内置与外置插件、三维合成技术及跟踪技术。在后期特效制作过程中,往往要综合使用多种方法,本单元就将通过几个案例来进行综合练习。

🎯 学习目标

知识目标

- 熟悉分形杂色、置换贴图、P 粒子、CC Glass 等效果的参数设置和应用技巧。
- 熟悉三维图层的设置和摄像机动画参数设置。
- 熟悉影视特效项目的制作流程。

💡 能力目标

- 掌握并灵活的运用视频剪辑和蒙版制作方法,掌握分形杂色、查找边缘、置换贴图等效果的综合应用。
- 掌握并灵活的运用三维图层的设置、摄像机动画制作、蒙版制作的方法,掌握曲线、毛边、百叶窗等效果的综合应用。
- 能够根据历史影视剧整体风格设计片头文字,掌握并灵活的运用 P 粒子和 Shine 插件来剪辑片头动画,并把握好动画节奏。

✏️ 素养目标

- 通过学习影视特效的优秀案例,了解影视特效设计的工作内容和岗位需求,使职业设计师养成"诚信、爱岗、敬业"的职业精神。
- 将中国传统文化融入教材,全面提高学生的影视项目实践、审美和创新能力,弘扬中华文化精神。

项目重难点

项目内容	工作任务	建议学时	重 难 点	重要程度
使用 AE 制作影视特效综合项目	任务 9.1 人物消失效果制作	4	1. 运用"分形杂色"效果模拟"人物消失"图案 2. 设置"置换贴图"效果	★★★★☆
	任务 9.2 影视片头包装	4	1. 应用 P 粒子插件制作粒子效果 2. 应用 CC Glass 制作金属字	★★★★★
	任务 9.3 "乡村扶贫"宣传片制作	4	1. 掌握三维图层的动画制作 2. 掌握文字动画制作技巧	★★★★★

任务 9.1 人物消失效果制作

任务描述

张敏在一个影视动画公司工作，她所在的部门接到一个项目：为某电视栏目进行后期特效。李小薇负责制作人物变身后消失的特效，她打算使用 AE 自带的分形杂色、查找边缘、置换贴图等功能来完成这一任务。

人物消失
效果制作.mp4

知识准备

本任务将制作在很多影视作品中出现过的人物变身消失特效，通过添加分形杂色、查找边缘、置换贴图等效果，制作人物变身动画，其中关键技术如下。

1. 视频的剪辑处理

本任务所使用的视频素材时间较长，需要先进行剪辑，再对视频进行复制、切割、冻结帧等操作，得到关键时间点的静态图片。

2. 蒙版制作

获取视频的关键画面，使用钢笔工具为人物绘制蒙版，并对边缘处进行羽化处理。

3. 分形杂色

本任务中的变身效果主要由分形杂色这个特效进行模拟。通过将人物的蒙版复制给纯色图层，再为纯色图层添加分形杂色效果，以此来制作变身后的轮廓和图形。再通过 time 表达式制作动态效果。

4. 置换贴图效果

置换贴图效果通常是让点的位置沿面法线移动一个贴图中定义的距离。它使得贴图具备了表现细节和深度的能力，且同时可以允许自我遮盖、自我投影和呈现边缘轮廓，经常用来对图片进行扭曲处理。本任务使用转换贴图来在背景图上模拟出人物的轮廓。

任务实施

步骤 1 视频剪辑处理

（1）新建一个合成，命名为"人物变身"，尺寸为 1920 像素 ×1080 像素，持续时间为 10 秒。

（2）因为需要得到视频中的静态背景画面，导入视频素材"boy"。选择视频图层，按下 Ctrl + D 组合键复制一层。选择下方的素材图层，改名为"背景"。

（3）选择"背景"图层，在第 0 帧处右击，在弹出的菜单中选择"时间"→"冻结帧"命令。

步骤 2 蒙版制作

（1）选择上面的素材层，找到人物甩手的瞬间（大概在第 182 帧），单击 Ctrl + Shift + D 组合键，将所选图层分割两层。

（2）选择分割时间点后面的素材，在起点位置右击，同样选项"时间"→"冻结帧"命令，将人物甩手的那一帧冻结成一个静态画面。对这个素材按 Ctrl + D 复制一份，将上层素材命名为"人物"，下面的素材改名为"备份"，单击图层前面的小眼睛图标，将其暂时隐藏起来。

（3）选择"人物"图层，按 G 键快速切换到钢笔工具，沿着人物轮廓绘制遮罩，完成遮罩后，按 Ctrl + Shift + C 组合键将其转换为预合成，将其命名为"男孩"。

（4）双击进入"男孩"预合成，选择"人物"图层，按下 F 键对它的蒙版边缘进行蒙版羽化，羽化值设为 5，让它的边缘看起来柔和一些。

步骤 3 分形杂色应用

（1）继续编辑"男孩"预合成。按下 Ctrl + Y 组合键新建一个纯色图层，在效果和预设中搜索分形杂色，将效果添加到纯色图层，将分形杂色的类型设置为旋涡并勾选翻转，提升对比度为 200，将亮度值设为 16，将缩放值减少到 40% 左右。

（2）下面来模拟波纹向上流动的效果。将当前时间指示器转至第 0 秒，在偏移属性上设定关键帧。将当前时间指示器转至最后一帧，把偏移的 y 轴坐标改成 0。这样，分形杂色的旋涡图案会向上流动。

（3）按住 Alt 键，在演化属性上输入表达式 time*100，让旋涡有动态变化。关于 time 表达式的用法，前文中有介绍过。这里可以根据需要的效果，调整 time 表达式中数值的大小，让速度产生变化。

（4）选择"人物"图层的蒙版，按下 Ctrl + C 组合键进行复制，再按下 Ctrl + V 组合键将遮罩粘贴到纯色图层中，再将遮罩羽化设定为 10。这样波纹图形只会在人物的轮廓中出现，如图 9-1 所示。

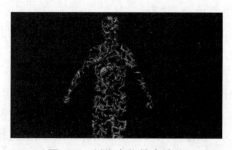

图 9-1 制作人物轮廓波纹

（5）将纯色图层的图层模式改为屏幕，这样可以将黑色部分将被去除，只保留白色的部分。

步骤4　置换贴图应用

（1）回到总合成，选择最下面的背景图层，按下 Ctrl + D 组合键复制一层，命名为"背景2"。在效果和预设面板中搜索"置换贴图"，为"背景2"图层添加置换贴图效果。这个特效可以将背景上形成人物形状的扭曲，从而使整个变身效果更加逼真。

（2）展开置换贴图的效果属性面板，图层选择"男孩"预合成。由于这个预合成中人物的图案明暗对比比较明显，所以将"用于水平转换"和"用于垂直转换"全部改成"明亮度"，这样可以获得更好的置换效果。将最大水平置换的"数值"改成60，下面的"最大垂直置换"改成30。

此时，背景2图层会受预合成的影响，产生类似人物隐身的扭曲效果。

步骤5　查找边缘

（1）选中"男孩"图层，按下 Ctrl + D 组合键进行复制，将复制图层改名为"男孩2"。

（2）打开效果和预设面板，搜索"查找边缘"效果，并添加到"男孩2"。这个效果可以查找图层的边缘并勾勒出线条，效果如图9-2所示。

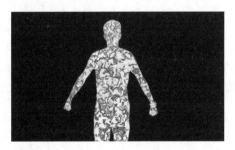

图 9-2　制作"人物变身"图案

（3）现在只需要保留图像中的黑色纹理部分，并且将其转换成白色，所以接下来打开查找边缘的效果属性面板，勾选"反选"，并将图像模式改为屏幕，这样就可以将图像的颜色进行反转，然后去除掉黑色的部分。

（4）选中"男孩2"图层，添加 CC Color Neutralizer 效果，这个内置插件可以改变图像的颜色。打开效果属性面板中，将 CC Color Neutralizer 中间色调改为青色，这样整体色调会变为紫色，效果如图9-3所示。

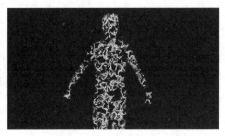

图 9-3　调色效果

（5）选择"男孩2"，按下 Ctrl + D 组合键进行复制，将复制图层改名为"男孩3"，图层模式设置为柔光，按下 T 键打开不透明度属性，将值改为 50%。这样就有了三个图层的叠加效果，从而让变身特效更加有层次感。

步骤 6　让旋涡"从无到有"

（1）接下来，为这个人物变形的效果增加一些变化。让旋涡图案有一个从少到多、从无到有的变化。可以通过改变分形杂色效果的对比度、亮度以及图层的不透明度参数来进行设置。

（2）双击进入"男孩"预合成，将当前时间指示器转至第 4 秒，为对比度和亮度参数设定关键帧。再转到第 0 秒，将对比度调高，亮度调为 0，这样在视觉上，旋涡会有一个逐渐增多、从暗变亮的过程。

（3）回到总合成，同时选中"男孩 2"和"男孩 3"，按下 T 键展开不透明度属性，在第 6 秒的时候设定关键帧，再回到这两个图层的开始处，将不透明度改为 0，为两个图层制作一个淡入的动态效果。

（4）选择备份图层，将当前时间指示器转至第 6 秒，按下 T 键展开不透明度属性，将数值改为 0。再回到该图层的开始处，将不透明度改为 100%，为备份图层制作一个淡出的消失效果。

步骤 7　人物消失

（1）将当前时间指示器转至旋涡开始消失的时间点，同时选择 3 个预合成和纯色图层，按 T 键展开不透明度属性，设定关键帧，再转到第 9 秒，将不透明度改为 0。

（2）选择"背景 2"图层，按 T 键展开不透明度属性，设定关键帧。再将时间移到结束位置，将图层的不透明度改为 0。至此，人物溶解效果制作完毕。

任务 9.2　影视片头包装

任务描述

张敏在一个影视动画公司工作，她所在的部门接到一个项目：为某电视台的节目进行包装制作。李小薇负责制作历史影视剧片头效果，她将使用 CC Glass 插件制作金属文字，并使用 particular 粒子（简称 P 粒子）插件来制作片中的文字飘散特效。

影视片头
包装.mp4

知识准备

本案例将为历史影视剧制作片头效果，根据历史影视剧整体风格设计片头文字，并根据片头动画的节奏，利用 P 粒子插件做文字光粒子飘散效果，并应用 Shine 插件制作文字发光效果。

1. P 粒子插件的设置

本案例使用 P 粒子插件制作文字特效。在 P 粒子的发射器面板中，可以用文本图层作为发射类型，跟文字颜色一致，再根据文字的大小调整粒子的大小、速度和方向，再将粒子数量调大，制作文字的飘散效果。

2. 梯度渐变的应用

本任务中的背景应用了梯度渐变效果，这个效果可以制作线性或者径向渐变，常用于制作图案和文字的渐变效果。

3. time 表达式

在本案例中，在图像的旋转属性上使用 time 表达式，让旋转值跟随时间而变化，成制作图像的旋转效果。

4. 分形杂色

为了制造文字的变化，可以在纯色图层中使用分形杂色效果，再将这个图层作为文本图层的 Alpha 或者亮度蒙版，这样就可以通过分形杂色的亮度和对比度参数来控制文字的变化以及粒子的效果。

5. CC Glass 的应用

CC Glass 效果可以对图像属性进行分析，添加高光和阴影以及一些微小的变形，制造具有玻璃质感的透视效果。它包括以下三个属性。

（1）Surface 属性用来控制玻璃化表面，通过 Property 选择控制图像的属性值，Softness 通过控制高光范围处理高光和阴影的柔和度，Height 通过控制阴影范围，增加或减弱画面透视效果；Displacement 对画面做液化处理，制造透视变形效果。

（2）Light 属性用来控制画面高光的反射源，通过 Using 选择使用内置灯光还是合成中的 AE 灯光图层；其余的比较好理解，灯光参数如亮度颜色、灯光类型以及灯光高度和灯光方向。

（3）Shading 属性面板

Shading 属性面板主要用来调整阴影效果。可以设置此面板中的参数，增强图像或视频的光泽效果，使其看起来更加生动、有光泽。还可以控制光照在玻璃表面的表现，从而调整光泽的强度和外观。

任务实施

步骤 1　导入素材

（1）新建 AE 工程项目，命名为"历史剧片头"。建立一个新的合成，命名为"输出"，大小设为 1920 像素 ×1080 像素，时间为 13 秒。

（2）将图片素材文件"顶图""底图""花纹""Reflection.psd"和视频素材"粒子光效"和"水墨"导入项目窗口。可以在导入对话框中勾选"PNG 序列"的选项，一次导入多个图片。

（3）新建一个深蓝色的纯色图层作为合成的背景，将图层命名为 back。

步骤 2　片头构图

（1）片头构图由文字 LOGO、顶图、底图、修饰花纹和光效几个部分构成，如图 9-4 所示。

（2）选择 back 图层，为其添加一个梯度渐变效果，打开效果属性面板，将背景图层的渐变形状设置成径向渐变，并将起始颜色设置为蓝色，结束颜色设置为深蓝色，为背景图添加浅蓝至深蓝色的渐变效果 .

（3）将图片素材"顶图"放到合成的顶部。将顶图图层的不透明度设为 60%，再将图层的模式设置为柔光，让其与背景层融合得更好。

图 9-4　片头构图

（4）按下 R 键展开"顶图"图层的旋转属性，按住 Alt 键单击旋转前面的码表，为其添加表达式：time*10。顶图于是就可以按固定速度旋转。

（5）将图片素材"底图"放入合成中，置于合成的底部。由于底图的宽度不够，加之要制作一个底图向左移动的效果，为了避免右边出现空白，所以需要按两次 Ctrl + D 组合键，将图层复制两层。将复制层的水平坐标向右调整，使其能合理排列，如图 9-5 所示。

图 9-5　图层叠加效果

（6）为了让三个底图图层同步向左移动，将后面两个复制图层的父级设置为第一个底图图层，再为第一个底图图层制作向左移动的效果：选中它的位置属性，分别在第 0 秒和第 13 秒设定关键帧，在第 13 秒处将它的水平坐标调小，使图层向左移动，这样另外两个底图也会跟随着做向左移动。

（7）将图片素材"花纹"放入合成中，置于合成的右下方。由于花纹图案比较复杂，选中该图层，用矩形工具为其绘制一个蒙版，只取图案的一个部分。

（8）将"花纹"图层的不透明度设置为 65%，并将图层的图像模式设置为屏幕，使花纹图案呈不透明状。

（9）接下来，为"花纹"图层添加动态效果。选中它的位置属性，分别在第 0 秒和第 13 秒设定关键帧，在第 13 秒处将它的水平坐标调小，使图层向左移动一小段距离，让花纹有一些的动态效果。

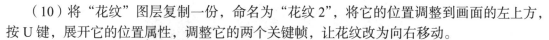

（10）将"花纹"图层复制一份，命名为"花纹 2"，将它的位置调整到画面的左上方，按 U 键，展开它的位置属性，调整它的两个关键帧，让花纹改为向右移动。

步骤 3　金属文字制作

（1）新建合成，尺寸大小设为 1920 像素 × 1080 像素，命名为"文字 LOGO"。

（2）使用横排文本工具，输入文字内容：古韵潇湘。文字的颜色设置为白色，大小为 177，字体为"华文行楷"，将文字的位置放于舞台中心所示。

（3）注意在设置较大的文字 LOGO 时，需要打开标题安全框，尽量将 LOGO 设置于标题安全框内，否则在一些老式电视机上可能会因为分辨率问题而被裁剪大小，导致看不见字幕。在合成窗口下方单击按钮，可以打开标题安全框。

（4）在项目窗口中，选择"文字 LOGO"合成，拖至新建合成按钮上，建立一个新的合成，并命名为"金属文字"。

（5）将图片素材"Reflection.psd"放入合成中，为这个素材层添加一个动态拼贴效果，

（6）选中"文字 LOGO"图层，在效果和预设面板中搜索"CC Glass"效果，并将其添加到"文字 LOGO"图层上，CC Glass 效果可以制作文字的镜面反光效果，常用来制作金属文字和玻璃透视效果。

（7）打开效果属性面板，展开 Surface 面板，将 Bump map 设置为"文字 LOGO"图层，Softness 参数值设为 50，Height 参数值设为 –50，Light Type 设为 Point Light，如图 9-6 所示。

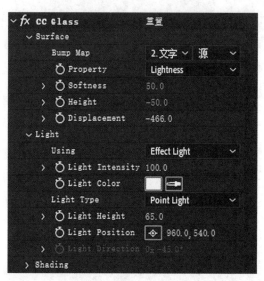

图 9-6　CC Glass 参数设置

（8）选中"文字 LOGO"图层，在效果和预设面板中搜索"CC Blobbylize"效果，并添加到"文字 LOGO"图层上。这个效果可以制作文字的液化扭曲效果。打开效果属性面板，将 Blob layer 设置为"文字 LOGO"图层，Light Type 设为 Point Light。

（9）最后，在"文字 LOGO"图层上方，新建一个调整图层，为其添加曲线效果。

（10）切换到红色通道，调高红色曲线，再切换到蓝色通道，降低蓝色曲线，这样文字的整体颜色会变成金色，整体效果如图 9-7 所示。

图 9-7 "金属文字"效果

（11）在调整图层上方，用钢笔工具绘制一个印章形状，取消边框，填充色选择深红色。在这个形状图层的上方，用文字工具创建文字内容：经典。文本颜色设置为白色，如图 9-8 所示。

图 9-8 印章制作

（12）选中形状图层，为其添加一个毛边效果，将其边缘粗糙化。

（13）同时选中形状图层和文字层，按下 Ctrl + Shift + C 组合键转化成一个预合成，并将其命名为"印章"。

（14）选中"印章"图层，为其添加一个阴影效果。

（15）最后调整"印章"图层的位置，让其位于"潇"字的右上方，如图 9-9 所示。

图 9-9 文字效果制作

步骤 4　文字动态效果制作

（1）接下来为文字制作动态效果。在项目窗口中，选择"金属文字"合成，拖动至新建合成按钮上，建立一个新的合成，命名为"文字动态效果"。

（2）在"金属文字"图层上方，建立一个纯色图层，命名为"蒙版"，为该图层添加分形杂色效果。

（3）打开效果属性面板，将分形类型设置为地形，杂色类型设置为柔和线性，缩放值设置为 60%，这个效果主要用来制作文字的纹理遮罩，因此具体的缩放值要根据文字 LOGO 的大小而调整。

（4）将当前时间指示器转至第 0 秒，单击对比度和亮度前面的码表，为其添加关键帧。将对比度调为 100，亮度设为 -420，让整个画面变成黑色。

（5）再将当前时间指示器转至第 6 秒，将对比度调为 200，亮度设为 200。画面会由黑色转为出现杂色纹理，再转为白色。

（6）单击这个"蒙版"图层，按下 Ctrl + Shift + C 组合键将其转换为预合成，命名为"蒙版"。

（7）选择金属字图层，将其轨道遮罩设置为亮度遮罩蒙版。

步骤 5　发射器制作

（1）在项目窗口中，选择"蒙版"合成，拖至"新建合成"按钮上，建立一个新的合成，命名为"发射器蒙版"。

（2）选中"蒙版"合成，按下 Ctrl + D 组合键复制一层，将上方的蒙版层重命名为"蒙版 2"。

（3）选择下方的"蒙版"图层，将其轨道遮罩设置为"亮度反转蒙版 2"。

（4）将上方的"蒙版 2"图层往后拉 10 帧，让两个图层有一点时间差。

（5）新建合成，命名为"发射器"，将"文字 LOGO"和"发射器蒙版"拖至"发射器"合成中，其中"发射器蒙版"应在上方。

（6）选中"文字 LOGO"图层，将其轨道遮罩设置为亮度遮罩发射器蒙版。这样就得到了跟文字动态效果纹理的反转部分。

步骤 6　粒子效果

（1）重新回到"输出"合成中，将"文字动态效果"和"发射器"合成拖到最上方，将这两个图层的 3D 开关打开，转换为三维图层。

（2）在操作面板中右击，添加一个纯色图层，命名为"粒子"图层，颜色选择默认即可。在效果和预设面板中，搜索 Particular 效果，将其添加到这个"粒子"图层中。

（3）打开 Particular 效果控件面板，展开 Emitter 属性组，修改 Particles/sec 粒子数量为 200000，将 Emitter Type（发射类型）设为 Layer。将 Layer Emitter 设置为"发射器"图层，将 Velocity（速度）设置为 0。

（4）展开 Particle 属性组，将 Life（生命时间）设为 1.3 秒，Size（大小）设为 3，Size Random 设为 30%。

（5）展开 Physics 属性组，将 Air（空气）的 wind x（水平风向）设为 100，wind y（垂直风向）设为 -50，让粒子向右上方运动。在 Turbulence Field（湍流场）属性组中，将 Affect position（影响位置）设为 100，制作粒子的波动态效果。

（6）选中"粒子"图层，复制一份，将其命名为"粒子2"，在Particle属性组中，将Size（大小）改为2，将wind x（水平风向）改为120，wind y（垂直风向）设为-70，将Affect Position（影响位置）设为180，让两个粒子图层的效果有所区别，叠加效果如图9-10所示。

图9-10　粒子效果制作

步骤7　副标题制作

（1）新建一个合成，命名为"副标题"。

（2）用横排文本工具创建文本图层，输入副标题内容：四十集大型古装电视连续剧。文本颜色设置为淡黄色，大小设置为50，字体为"隶书"。

（3）新建一个圆角矩形作为文字的边框，取消填充色，描边设置为与文字同色，可以用吸管工具拾取文字的颜色。

（4）回到"输出"合成中，将"副标题"放入合成中，调整副标题的位置，让其位于金属文字的下方，如图9-11所示。

图9-11　文字副标题制作

（5）将"水墨"视频放入合成中，置于"副标题"图层的上方。

（6）同时选中"水墨"图层和"副标题"图层，往后拖一段时间，让它们从第4秒处开始。

（7）展开"水墨"图层的位置和缩放属性，在这两个属性打上关键帧。将当前时间指示器转至第4秒，调整它的缩放值为65%，修改水墨的位置，让它位于副标题的中心。再将时间转至第7秒处，将缩放值改为820%，让水墨从小变大。

（8）选择"副标题"图层，在不透明度属性上打关键帧，让它从第4秒到第4秒20帧有一个淡入的效果。

（9）最后，将"副标题"图层的轨道遮罩设置为亮度反转遮罩。至此，历史剧片头效果制作完毕。

任务 9.3　"乡村扶贫"宣传片制作

任务描述

张敏在一家影视动画公司工作,她所在的部门接到一个项目:为某电视台的节目进行栏目包装。李小薇负责一个"乡村扶贫"宣传片的制作,她将使用抠像技术和三维图层的变化制作立体、动感的宣传动画效果。

"乡村扶贫"
宣传片制
作.mp4

知识准备

1.父子关系应用

本任务将生成一个摄像机和一个空对象图层,将空对象图层转换为三维图层,再将空对象图层设置为摄像机的父级,这样可以用空对象图层的位置和旋转属性控制摄像机的运动,从而再控制三维图层的动画效果。

2.抠像

本任务中包含了含绿色背景的素材,此类素材可以用 Keilight 抠除绿色部分,将这部分处理为透明色。

3.三维图层的设置

此任务需要展示 8 张图片,为了达到更好的视觉效果,需要将这些图片全部转换为三维图层,并且合理设置这些三维图层的空间位置,让它们有序排列,特别是 z 轴的坐标要有一定的纵深差别,可以在顶部视图中进行观察和设置。

4.文字效果

文字的动画效果是本例的重要部分。

本例将为一张素材图片设置偏移、遮罩、色调和曲线等效果,再用文字作为遮罩,制作金属文字。

为了给文字制作动态效果,运用文本图层自带的动画制作工具,添加位移和不透明度的动画,结合偏移参数,制作文字逐字下落的动画效果。

5.素材应用

本任务需要用到多个图片和视频素材,如粒子、光效、背景视频和绸带效果等。要注意的是,大部分视频素材的图层模式需要处理为屏幕模式,去除深色背景部分。另外,还要注意图层的位置及大小,以及出现的时间点。

任务实施

步骤 1　三维相片制作

(1)新建一个工程项目命名为"乡村宣传片"。在项目窗口中双击,在弹出的"导入文件"对话框中,将"乡村宣传片"素材包中的所有素材导入项目。

(2)单击项目窗口中的"新建合成"按钮,建立一个 1920 像素 ×1080 像素大小的合成,持续时间设置为 12 秒,命名为"照片 1"。

(3)将"细的金属框"视频素材拖入"照片 1"合成中,选中该素材图层,按快捷键 S

展开缩放属性，调整金属框的大小。解除宽度与高度的等比缩放链接，调整缩放宽度值为143%，高度值为118%，使其正好位于画面外沿。

（4）继续选中"金属框"素材图层，在效果和预设面板中搜索 keylight 效果，在 keylight 效果属性面板中，使用屏幕颜色后面的吸管吸取绿幕的颜色，将其转换为透明色，如图 9-12 所示。

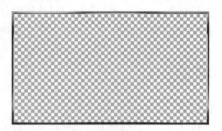

图 9-12　背景抠图

（5）将"图片1"素材拖入至合成的底部，展开缩放属性，调整图片大小，如图 9-13 所示。

图 9-13　制作相框效果

（6）复制"照片"合成，命名为"照片2"。打开"照片2"合成，选中"图片1"素材图层，按住 Alt 键将"图片2"素材拖至"图片1"图层上进行替换，同样展开缩放属性调整图片大小，直至完全匹配合成尺寸。再复制6个"照片"合成，重复操作替换其他6个合成中的图片，并调整图片大小，此时一共有8个照片合成。

（7）再次单击新建合成按钮，将新建合成命名为"片断1"，将"背景视频"素材拖入合成中，展开缩放属性调整素材大小，使其与合成画面匹配。再将8个照片合成全部拖入合成，至于背景视频的上方，打开它们的3D开关，将所有的照片图层全部转换为3D图层。

步骤 2　空间动画制作

（1）在时间轴窗口空白处右击，在弹出的菜单中选择"新建"→"摄像机"命令，新建一个 50 mm 的摄像机。

（2）在时间轴窗口空白处右击，在弹出的菜单中选择"新建"→"空对象"命令建立一个空对象图层，打开空对象图层的3D开关，将其转换为一个3D图层，将摄像机层的父级设置为空对象图层，以便于进行摄像机的控制。

（3）调整8个照片图层的缩放属性，将图片全部缩小至60%左右，再分别选择单个照片图层，按P键展开位置属性，调整它们的空间位置。可以将视图布局设置为"2个视图"的模式，为右侧的窗口选择"自定义视图",为左侧的窗口选择"活动摄像机",如图 9-14 所示。

图 9-14 三维相册布局

（4）继续调整各个图片的位置,让几个图层在 x、y、z 轴上有序排列。完成图片位置的设置后,将视图布局重新设置为"1 个视图"的模式。

（5）展开空对象图层的属性选项组,将当前时间指示器转至第 0 秒,单击位置和 y 轴旋转前面的码表,设定关键帧。将 y 轴旋转设置为 0x + 30°,x 坐标设置为刚刚能看到第一照片的效果,如图 9-15 所示。

图 9-15 调整摄像机视角

（6）再将当前时间指示器转至第 6 秒,修改空对象图层的属性选项组,将 y 轴旋转设置为 0x-15°,x 坐标值调大直至看到最右的照片。制作图片从右向左旋转、同时从左向右移动的效果,如图 9-16 所示。

图 9-16 设置三维动画

（7）展开摄像机图层的属性组，在摄像机选项中，将景深设置为开的状态，调整光圈为 800 左右，并将焦距参数调整，使中心位置的照片清晰，而其他位置的照片变得模糊。

步骤 3　文字动画制作

接下来制作文字效果。

（1）建立一个 1920 像素 ×1080 像素大小的合成，持续时间设置为 12 秒，命名为"立体标题 1"。

（2）建立文本图层，输入文字：助力乡村　寻梦田园。设置合适的字体，本案例中设置字号 160，字体为"华文行楷"。将文字居中对齐，放至于画面中心。

（3）展开文字的属性组，在文本属性后面，执行"动画"→"位置"命令，为文字添加动画制作工具 1。

（4）将当前时间指示器转至第 0 秒，展开动画制作工具 1 的范围选择器，将位置中的 y 坐标值改为 -300，让文字移至舞台上方，再将偏移参数值改为 0，在偏移和位置属性上设定关键帧；再将当前时间指示器转至第 1 秒，将位置中的 y 坐标值改为 0，让文字回到舞台中央，再将偏移参数值改为 100，做出文字逐个落下的效果。

（5）在文本属性后面，执行"动画"→"不透明度"命令，将当前时间指示器转至第 0 秒，展开动画制作工具 1 的范围选择器，将不透明度改为 0，再将当前时间指示器转至第 1 秒，将不透明度改为 100%，制作文字逐渐出现的效果，如图 9-17 所示。

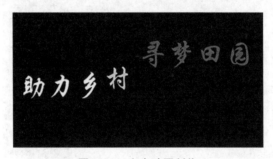

图 9-17　文字动画制作

（6）按下 Ctrl + Shift + C 组合键，将文本图层转换为预合成，并命名为"标题 1"。建立一个大小为 1920 像素 ×1080 像素的合成，命名为 HDR，将 HDR 图片素材拖至合成中。

步骤 4　文字效果制作

（1）单击 HDR 图片图层，按 S 键展开缩放属性，将其放大至 140%。为 HDR 图片图层添加偏移效果。将当前时间指示器转至第 0 秒，在"将中心转换为"属性上设定关键帧。再将当前时间指示器转至第 1 秒，把"将中心转换为"属性的 x 坐标调整到 5000 左右，制作图片从左向右移动的效果。

（2）单击 HDR 图片图层，在效果和预设面板中搜索色调效果，为图层添加色调效果，将画面转变为黑白色。

（3）再为 HDR 图片图层添加一个曲线效果，并将暗部提亮。

（4）打开"立体标题 1"合成，将 HDR 合成拖入，置于文本图层上方。为 HDR 层添加 CC Glass 效果，将 bump map 参数后面的遮罩设为"标题文字层"，property 属性设置为 Alpha。

（5）再为HDR图片图层添加一个设置遮罩效果，将从图层获取遮罩设为"标题文字层"，做出立体文字效果。

（6）按下Ctrl＋K快捷键，打开合成设置对话框，将合成背景颜色调整为黑色。再新建一个调整图层，置于HDR图层和文字层的上方，为其添加曲线效果，分别切换至红色、蓝色和RGB通道，调高红色曲线，调低蓝色曲线，调整出金色的立体文字，如图9-18所示。

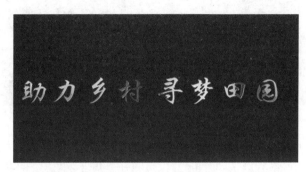

图9-18　立体文字效果

（7）为HDR图层添加投影效果，调整参数将不透明度设置为60%，角度设为右下角（120°），做出投影效果。按下Ctrl＋D组合键复制一个投影效果，让投影更加明显。

步骤5　光效制作

（1）将"立体标题1"合成拖入至"片断1"合成中，至于摄像机图层的下方。为"立体标题1"添加"发光"效果，调整参数做出立体文字的发光效果，将发光阈值设置为17%，发光半径设置为12。

（2）将顶部光效、粒子和绸带素材拖入至合成的顶部，设置它们的图层模式为屏幕，去除掉这些素材自带的背景，并调整它们的出现时间，将复制层顶部的光效层加亮，并把绸带移至画面底部，然后调整大小，使其填满画面底部边缘，具体效果如图9-19所示。

图9-19　图层合成效果

（3）在时间轴窗口空白处右击，在弹出的菜单中选择"新建"→"调整图层"命令，为其添加亮度和对比度效果，将亮度设为35，对比度设为7。再添加一个曲线效果，调高红色通道的曲线，再降低蓝色通道的曲线。

（4）在背景层上添加曲线效果，向下拉低曲线降低亮度，压暗背景图层。

步骤 6 片断 2 制作

（1）在项目窗口中，按下组合键 Ctrl + D，复制"片断 1""标题 1""立体标题 1"这三个合成，并将复制后的合成分别命名为"片断 2""标题 2""立体标题 2"。在"标题 2"合成中修改文案为：扶贫攻坚生态发展。在"立体标题 2"中使用"标题 2"合成替换"标题 1"图层，做出第二部分文字标题，如图 9-20 所示。

图 9-20 文字标题 2

（2）同样，在"片断 2"合成中用"立体标题 2"合成替换"立体标题 1"图层。

（3）将"绸带"素材拖入合成"片断 2"中，展开"绸带"图层的"缩放"属性，取消"锁定纵横比"，调整 x 轴缩放值为 −100，使绸带水平翻转，这样绸带将从右至左展开。

（4）调整文字的位置，让它靠近右边。再根据文字的位置，展开绸带图层的缩放属性，取锁定纵横比链接，将其水平缩放值改为 −100%，使绸带水平翻转，改成从右端出现向左移动。

（5）选中空对象图层，按 U 键显示所有关键帧。单击位置和 y 轴旋转属性前的码表，删除空对象图层的位置和 y 轴旋转关键帧，再单击变换右边的重置按钮，让空对象图层恢复到初始状态。

（6）重新为空对象图层的位置和 y 轴旋转属性设定关键帧。将当前时间指示器转至第 0 秒，将空对象图层的 z 坐标调到 1800，由于空对象图层为摄像机的父级，这样调整坐标，会将图片拉至很近的距离，视觉上图片会变大。

（7）将当前时间指示器转至第 6 秒，将空对象图层的 z 坐标调到 500，y 轴旋转属性调整为 +30°，这样可以制作出图片从大到小、从左向右旋转的效果，如图 9-21 所示。

图 9-21 调整 3D 图层角度

（8）预览动画，发现画面在开始部分一直是比较模糊的。这是由于光圈设置得比较大，而一开始摄像机的目标点没有在图片上。可以在摄像机的焦距或者光圈上设定关键帧，再调整参数来解决这个问题。这里就在光圈参数设定关键帧，将当前时间指示器转至第0秒，将光圈调到20，这时所有图片都是清晰的。再将当前时间指示器转至第6秒，调整光圈参数为500，使中心图片部分清晰，周边图上和背景模糊。

步骤7　片断3制作

（1）建立一个大小为1920像素×1080像素的合成，并将其命名为"片断3"，持续时间为10秒。从"片断2"合成中复制背景层并粘贴至"片断3"合成中，添加曲线效果，调整曲线来增加画面的对比度。

（2）将粒子光效拖入至合成顶部。

（3）在项目窗口中，复制"标题2"合成，并将其命名为"标题3"。再复制合成"立体标题2"，将其命名为"立体标题3"。

（4）双击"标题3"合成，修改文字内容为：不忘初心，坚守使命，共筑中国梦。调整文字位置和大小。按下Ctrl+K组合键打开合成设置对话框，修改背景为黑色。

（5）在项目窗口中，双击"立体标题3"合成，进行编辑状态。用"立体标题3"替换"立体标题3"，并调整文字的位置至合成的中间，添加亮度和对比度效果，调整参数提亮立体文字。

（6）在工具栏上选择矩形工具，绘制一个填满画面的矩形，选中"立体标题3"图层，设置轨道遮罩为Alpha反转遮罩。

（7）当前将时间指示器转至第0秒，为形状图层的位置属性设定关键帧。再将时间指示器转至第2秒，将形状图层的位置向右移动，使矩形从左向右移动，做出立体文字从左向右出现的效果。这段动画可以根据实际情况调整速度，对两个关键帧之间的距离进行调整即可。

（8）为形状图层添加高斯模糊效果，调整模糊度为167。

（9）将顶部光效、粒子、粒子光线等素材和绸带合成拖入至顶部，设置它们的图像模式为屏幕，完成第三个场景的制作，如图9-22所示。

图9-22　片尾效果

步骤8　综合效果

（1）新建一个合成，大小设置为1920像素×1080像素，命名为"综合"，合成的持续时间设置为18秒。

（2）将三个片断合成拖入，将红布转场素材拖入至顶部。

（3）将当前时间指示器转至第 6 秒，同时选中三个片断图层，按下 Ctrl + Shift + D 组合键，将这三个图层截断，再将 6 秒以后的部分删除。

（4）再将三个图层同时选中，右击，在弹出的菜单中选择"关键帧辅助"→"序列图层"命令，让三个图层依次出现。

（5）选中红布转场图层，按下 Ctrl + D 组合键复制红布转场图层，调整两个红布转场图层的时间条，使它们位于两个场景过渡处。第一个转场图层从第 4 秒开始，第二个转场图层从第 10 秒处开始。

（6）在综合效果中进行观察，看看三个片断的色调、画面效果和衔接是否合适，再进行适当调整。至此，"乡村扶贫"宣传片制作完毕。

能力自测

一、选择题

1. After Effects 将所有特效都存在（　　）哪个文件夹下。
   A.Languages　　　　B. Legal　　　　C. Plug-ins　　　　D. Scripts

2. 导入和处理脚本素材时，如果希望替换某个素材，正确的方法是（　　）。
   A. 在项目窗口中选择一个素材，按住 Alt 键拖动素材到时间轴窗口对应的目标素材上
   B. 在项目窗口中选择一个素材，按住 Ctrl 键拖动素材到时间轴窗口对应的目标素材上
   C. 在时间轴窗口中选中素材，右击选择菜单"变换"→"替换"命令
   D. 在时间轴窗口中选择一个素材，拖动素材到项目窗口中对应的目标素材上

3. 建立二维合成根据层的 Transform 动画，产生真实的运动模糊现象，（　　）方法是正确的。
   A. 打开运动模糊开关　　　　　　　B. 应用 Each 特效
   C. 应用 Direction Blur 特效　　　　D. 应用 MotionBlur 特效

4. 关于置换贴图效果，以下不正确的说法是（　　）。
   A. 它使得贴图具备了表现细节和深度的能力
   B. 同时允许自我遮盖，自我投影和呈现边缘轮廓
   C. 经常用来对图片进行调节亮度和对比度处理
   D. 置换贴图这种效果通常是让点的位置沿面法线移动一个贴图中定义的距离

5. 在分形杂色的演化属性上输入表达式 time*100 的作用是（　　）。
   A. 使演化的度数每帧变化值为 100　　B. 使演化的圈数每帧变化值为 100
   C. 使演化的圈数每秒变化值为 100　　D. 使演化的度数每帧变化值为 100

6. 在渲染电影时，（　　）不适合作为输出的格式。
   A. AVI 格式　　　B. RM 格式　　　C. MOV 格式　　　D. MPG 格式

7. 在应用 CC Glass 效果时，（　　）说法是不正确的。
   A. 它可以对图像属性进行分析，添加高光、阴影以及一些微小的变形，制造玻璃透视效果

B. 它的 Surface 属性用来控制玻璃化表面

C. 它通过 Property 控制画面高光的反射源

D. 它通过 Height 通过控制阴影范围，增加或减弱画面透视效果

二、填空题

1. 在为图层添加梯度渐变效果后，渐变的形状可以设置成_____和_____，还可以修改_____颜色和_____颜色，其默认值为从黑到白。

2. 为了将白色的文字调整为金色，可以为其添加一个曲线效果，调高_____通道的曲线，降低_____通道的曲线。

3. 在使用 P 粒子插件制作粒子时，为了让粒子从图层发射，需要将 Emitter Type（发射类型）设为_____，在_____选项中指定发射器图层。

4. 在使用 P 粒子插件制作粒子时，为了让粒子右上方运动，可以展开_____选项组，将 Air（空气）的_____设为 100，_____设为 −50。

5. 在制作摄像机动画时，可以用一个_____图层作为摄像机的父级，以控制其_____和_____。

6. 如果有多个不同位置的三维图层，要使某个位置的图像清晰，而其他位置的图像变得模糊，可以在摄像机选项中，将_____设置为开的状态，调整_____为 800 像素左右，并将_____对齐到目标图像的位置。

参 考 文 献

[1] 张天骐 .After-Effects 影视合成与特效火星风暴 [M].3 版 . 北京：人民邮电出版社，2012.

[2] 王红卫 . After Effects 2022 案例实战全视频教程 [M]. 北京：清华大学出版社，2023.

[3] 丽莎·弗里斯玛 .Adobe After Effects 2021 经典教程（彩色版）[M]. 北京：人民邮电出版社，2022.

[4] 曹茂鹏 . 中文版 After Effects 2021 从入门到实战 [M]. 北京：水利水电出版社，2021.

[5] 埃丽卡·霍尔农 . 影视特效：运动匹配的艺术与技巧 [M]. 北京：人民邮电出版社，2022.